民用飞机飞行控制系统
适航符合性方法研究

陈 杰 李元元 路 宽 李泽新 薛芳芳 编著

西北工业大学出版社

西 安

图书在版编目(CIP)数据

民用飞机飞行控制系统适航符合性方法研究 /陈杰
等编著. —西安：西北工业大学出版社，2023.4
ISBN 978－7－5612－8710－1

Ⅰ．①民… Ⅱ．①陈… Ⅲ．①民用飞机-飞行控制系
统-适航性-研究 Ⅳ．①V271

中国国家版本馆 CIP 数据核字(2023)第 070874 号

MINYONG FEIJI FEIXING KONGZHI XITONG SHIHANG FUHEXING FANGFA YANJIU
民 用 飞 机 飞 行 控 制 系 统 适 航 符 合 性 方 法 研 究
陈 杰 李元元 路 宽 李泽新 薛芳芳 编著

责任编辑：朱晓娟		策划编辑：李阿盟	
责任校对：张 友		装帧设计：李 飞	

出版发行：西北工业大学出版社
通信地址：西安市友谊西路 127 号　　　邮编：710072
电　　话：(029)88491757，88493844
网　　址：www.nwpup.com
印 刷 者：西安五星印刷有限公司
开　　本：710 mm×1 000 mm　　　1/16
印　　张：10.25
字　　数：201 千字
版　　次：2023 年 4 月第 1 版　　2023 年 4 月第 1 次印刷
书　　号：ISBN 978－7－5612－8710－1
定　　价：68.00 元

前　言

　　适航(Air-Worthiness)是适航性的简称,是一个表征民用航空器属性的专用技术名词。适航是民用航空的特色要求,也是民用产品的出发点和落脚点。适航的概念最早起源于适海(Sea-Worthiness),无论是适海还是适航,其出现从一开始就不是出于理论或学术研究的需要,也不是出于设计、制造的需要,而是出于维护公众利益的需要。

　　飞行控制系统作为与飞机总体设计、结构强度和发动机结合最为紧密的飞机子系统,对于完成飞行任务和保障飞行安全起到非常重要的作用。鉴于民用飞机(飞行器的一种)商业运营和载客属性,其飞行控制系统对保障飞行稳定和安全的意义更加突出。从理论的角度讲,飞行控制系统前端与上述总体设计、结构强度和发动机机理紧密相连,后端涉及经典、现代控制理论在飞行器设计中的应用;从工程设备的角度看,飞行控制既包含以飞行控制计算机、作动器控制电子组件在内的软/硬件设备,也包含机械连杆、舵面和驾驶舱操纵杆系等机械组件,还包含液压作动等液压驱动部件,是典型的机-电-液复合/复杂系统。鉴于其重要性、复杂性等特点,开展飞行控制系统相关适航审定和符合性方法研究一直是航空管理局、工业界和学术界研究的难点和热点。

　　改革开放以来,我国民航事业、适航审定技术从无到有,从进口国外干支线飞机开展后端持续适航工作,到国外大型民用飞机落地国内生产开展生产制造符合性检查,再到国产大飞机专项持续推进开展初始适航全面工作,我国民用飞机适航审定工作逐步往前突破,取得了长足的进步,相关机构、工业界和学术界也对适航,尤其是飞行控制系统这类安全关键系统的适航审定工作有了更深入的理解。

　　本书是由多年在民用飞机飞行控制系统理论教学,民航飞行控制、机械等领域适航符合性方法科学研究方面开展工作的人员编著的。在编著本书的过程中,笔者结合了自身的教学和研究工作经验,并参考了大量国内外相关文献资料,力求全方位反映笔者在这一领域近年来所取得的教学和研究成果。第1

章为飞行控制系统概述;第 2 章为民用飞机自动飞行控制系统;第 3 章为适航法规与文件体系;第 4 章为民用飞机飞行控制系统适航条款分析;第 5 章为欧洲航空安全局(European Union Aviation Safety Agency,EASA)规章关于飞行控制系统的修订及专用条件解析;第 6 章为现代电传飞行控制系统适航审定专用条件;第 7 章为面向适航的民用飞行控制系统软件开发。

全书由陈杰、李元元、路宽、李泽新、薛芳芳编著,在写作本书的过程中得到了其他教师和研究生的大力支持,在此表示衷心的感谢。

在写作本书的过程中,曾参阅了相关文献资料,在此谨对其作者表示感谢。

由于水平有限,书中难免存在疏漏之处,恳请广大读者批评指正。

编著者

2022 年 11 月

目　　录

第1章　飞行控制系统概述 ……………………………………………… 1

1.1　飞行控制系统的基本概念 ………………………………………… 1

1.2　飞行控制系统的基本回路 ………………………………………… 5

1.3　常见民用飞机飞行控制系统的基本架构 ………………………… 7

第2章　民用飞机自动飞行控制系统 …………………………………… 10

2.1　自动飞行控制系统的发展历程 …………………………………… 10

2.2　自动飞行控制系统的组成 ………………………………………… 11

2.3　自动飞行控制系统的工作模式 …………………………………… 14

2.4　主流民用飞机自动飞行控制系统的架构 ………………………… 19

第3章　适航法规与文件体系 …………………………………………… 21

3.1　中国适航发展历程与审定管理体系 ……………………………… 21

3.2　FAA适航审定体系 ………………………………………………… 28

3.3　EASA适航审定体系 ……………………………………………… 30

3.4　波音、空客适航审定体系 ………………………………………… 31

3.5　中国适航法规概述 ………………………………………………… 32

3.6　中国适航法规和文件体系 ………………………………………… 34

第4章　民用飞机飞行控制系统适航条款分析 ………………………… 38

4.1　概述 ………………………………………………………………… 38

4.2　CCAR 25.671 …………………………………………………… 38

4.3　CCAR 25.672 …………………………………………………… 57

4.4　CCAR 25.701 …………………………………………………… 71

4.5　CCAR 25.1329 ………………………………………………… 79

第 5 章　EASA 规章关于飞行控制系统的修订及专用条件解析 ············· 95

　　5.1　EASA 25.671 规章解析 ·············· 95

　　5.2　几种电传飞行控制专用条件解析 ············· 96

第 6 章　现代电传飞行控制系统适航审定专用条件 ············· 116

　　6.1　操纵系统总体 ············· 116

　　6.2　电传飞行控制系统的指令信号完整性 ············· 117

　　6.3　通过操纵品质等级评定方法验证飞行特性符合性 ··········· 118

　　6.4　飞行包线保护——俯仰、滚转和高速限制功能 ··········· 119

　　6.5　飞行包线保护——法向载荷系数(g)限制 ············· 120

　　6.6　电传飞行控制系统的横航向稳定性、纵向稳定性
　　　　和低能量感知 ············· 121

　　6.7　电传飞行控制系统的侧杆控制器 ············· 122

　　6.8　电传飞行控制系统的大迎角保护和迎角平台 ············· 123

第 7 章　面向适航的民用飞行控制系统软件开发 ············· 131

　　7.1　飞行控制系统中安全关键软件 ············· 131

　　7.2　机载软件相关的标准和指南 ············· 131

　　7.3　飞行控制软件研制与飞行控制系统开发之间的关系 ········· 132

　　7.4　飞行控制软件工程评审与适航审查 ············· 135

　　7.5　飞行控制软件开发生命周期过程定义 ············· 137

　　7.6　飞行控制软件开发过程中的其他考虑 ············· 156

参考文献 ············· 158

第 1 章　飞行控制系统概述

航空器从 100 多年前发展至今,发动机的发展已经经历了四代,而飞行控制系统也经历了简单机械操纵系统、不可逆助力操纵系统、增稳与控制增稳系统,以及电传操纵系统等四代,飞行控制系统作为与飞机系统耦合最为紧密的机载系统,其对于保障飞行安全一直起着独特和重要的作用。

民用飞机是运输乘客和货物的空中交通工具,把乘客安全地送达目的地始终是民用飞机最为重要的目标,其对安全的不懈追求是民航市场的准入门槛。为此,国际民用航空组织和各航空大国均出台了相关适航法规,约束飞行器(含民用飞机)从设计到制造、从试飞试验到商业运营的各个环节。民用飞机的经济性、舒适性和正点运行虽然同样重要,但相对飞行安全而言都处于次要位置。

飞行控制系统作为辅助飞行员操纵飞行器完成上述目标的系统工具,是现代高性能飞机实现安全飞行和完成复杂飞行任务的重要保证,是现代飞机系统中与总体设计、结构强度和发动机同等重要的环节。对民用飞机飞行控制系统开展适航审定和符合性方法研究具有非常重要的作用。

1.1　飞行控制系统的基本概念

从自动控制理论的本源出发,飞机作为一个较为复杂的被控对象,其控制器设计(飞行控制系统)的目的依然是两点,即改变系统状态和保持系统状态,因此飞行控制系统设计目标归结起来就是:

(1)改变飞机的姿态和空间位置;

(2)抗内/外部扰动,即当飞机受到干扰作用时,飞行控制系统可以保持飞机的姿态和空间位置不变。

作为在空中运动的飞机,其赖以完成上述两项控制目标的机制,一方面是飞行速度所带来的空气动力和动力矩,另一方面就是飞机自身发动机所带来的推力或推力矢量。这些力和力矩能保持或改变飞机的姿态与位置。

飞机机体上产生空气动力和使力矩动态变化的主要原因是各控制面的偏转(见图1-1),具体内容包括:

(1)由升降舵上/下偏转所实现的飞机纵向运动;

(2)由主机翼外缘差动偏转的副翼所实现的飞机侧向滚转运动;

(3)由垂尾后缘偏转所实现的飞机侧向偏航运动。

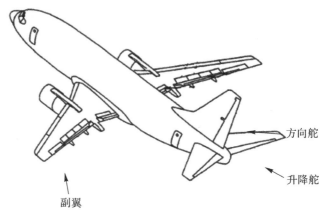

方向舵

升降舵

副翼

图1-1 常规飞机作动面

从飞行控制系统的基本定义角度来说,一般有飞行控制系统和自动飞行控制系统两种。以飞机为控制对象,对飞机的运动加以控制的系统称为飞行控制系统,如图1-2所示;而在没有人直接参与的条件下,由控制系统自动地控制飞机的飞行,这种控制系统称为自动飞行控制系统。

图1-2 飞行控制系统

图1-2中:r为参考输入;y为输出(如飞机的姿态角、高度等)。

1.1.1 飞行控制系统的基本组成与自动飞行原理

无论是民用飞机还是军机,从控制器设计和后端飞行器控制性能评估角度来看,都会对其闭环系统性能有较为具体和详细的指标/目标要求,具体内容包含以下几个方面:

(1)改善飞机的稳定性、机动性、操纵性,提高飞机的飞行品质;

(2)减轻飞行员的负担;

(3)使飞机设计实现随控布局设计(即按气动、结构、推进和自控四个要素协调设计飞机)。

按照上述飞行控制系统和飞行自动控制系统的定义和划分,以下给出飞行控制系统和飞行自动控制系统的基本操纵过程描述。

1. 飞行控制系统的基本组成

从飞行员操纵飞机的角度来看,对飞行控制系统的操纵过程描述如下:飞行员观察前方仪表读数,通过大脑思维判断,形成操纵指令意识,驱动手和脚完成操纵动作,实现对飞机运动状态的调整,具体操纵过程如图1-3所示。这一过程在大脑中实现了经典控制理论中所描述的负反馈过程,这一反馈系统即为闭环系统。

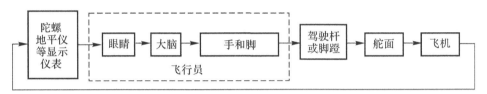

图1-3　驾驶员飞机操纵过程

2. 自动飞行控制过程

若用自动飞行控制系统代替上述飞行员的飞机操纵过程,则可以将图1-3改为图1-4。

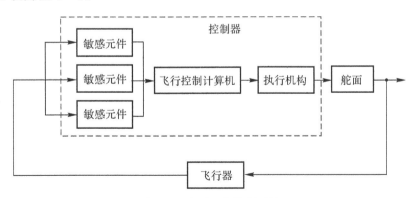

图1-4　自动飞行控制系统

3. 飞行控制系统的自动飞行原理

当飞机偏离原始飞行状态时,机上传感器感受到飞行状态(偏离方向和程度等)的变化,并输出相应电信号,经信号变换,飞行控制计算机处理和指令生成,操纵执行机构(舵机),使控制面(如升降舵面)相应偏转。由于在上述整个过程中,系统是按负反馈的原则连接构成的,因此其控制效果就是将飞机的状态改变,使其趋于原始状态。

(1)敏感元件、综合装置、放大元件、执行元件就构成了飞行控制系统的核心——自动驾驶仪(Auto-Pilot,AP)。

(2)在调整飞机状态的过程中,不断与给定要求相对比,按差值调节,从而实现了负反馈的控制过程。

1.1.2 飞行控制系统的发展历程

如前文所述,飞行控制系统到现在已经发展了四代。最早的飞行控制系统为机械式操控,即飞行员的操控动作通过连杆、滑轮和绳索/钢缆等机械装置直接反映在控制面上。这种控制系统可以给飞行员一个良好的操控反馈。换言之,出多少力,操纵面就偏多少度。机械操纵方式广泛应用于早期的低速螺旋桨式飞机以及小型飞机上。此时,由于飞机速度较低,飞机操纵面较小,气动舵面移动所需的杆力尚在人类承受范围以内,机械式飞行控制系统在一段时间内得到广泛应用。时至今日,一些小型飞机(如塞斯纳172等)仍采用结构简单的机械式飞行控制系统,以降低成本,减轻重量。

随着航空工业的发展,飞行器开始朝着更快、更大的方向发展。飞行速度的提高和飞机自身尺寸的增大,导致飞机控制舵面的面积增大,进而控制舵面的力量也要相应增大。此时,机械控制的结构变得越来越复杂,飞行员的操纵压力也越来越大。因此,液压系统便被引入飞行操控以提高飞行控制的效率,减轻飞行员的负担。

液压式飞行控制系统使得飞机的尺寸和性能脱离了飞行员自身力量水平的限制,但是也带走了飞行控制系统的触觉反馈。在机械式飞行控制系统中,作用在舵面上的气动力可以通过机械装置直接反馈给飞行员,这种触觉的反馈在一定程度上增强了飞行的安全性。为了弥补这种不足,航空工程师通过增加力反馈装置以及抖杆装置给予飞行员力量反馈或提示飞行员飞机即将进入非可控状态。

随着技术的进步,飞行控制系统进入了电传操控时代。电传操控本质上是使用电子信号传递飞行员的操控动作至相应执行机构从而取消了老式液压式飞行控制系统中的机械传动结构,减轻了飞机重量。此外,电传操控并不单一只是传递介质的改变,通过综合分析飞行员的操纵指令和飞机当前飞行姿态,飞行控制装置本身可对飞行员的操纵进行适当修正,以避免飞行员的过度操纵使飞机进入危险姿态。此功能可以通过在飞行控制系统中增加攻角、过载等参数的限制来实现。

相对于飞行控制系统,自动飞行控制系统的发展也经历了四个阶段:

(1)20 世纪初至 40 年代,由简单的自动稳定器发展成自动驾驶仪。

(2)20 世纪四五十年代,由自动驾驶仪发展成自动飞行控制系统。飞机性能的不断提高,要求自动驾驶仪与机上其他系统耦合形成自动飞行控制分系统。这些分系统的总和称为自动飞行控制系统。为适应飞行条件的剧烈变化,自动飞行控制系统的参数随飞行高度或动压而变化,这样的系统称为调参式自动飞行控制系统。

(3)20 世纪 60 年代,出现了自适应的自动飞行控制系统。此外,在歼击机上开始安装由增稳系统和自动驾驶仪组合的复合系统。

(4)20 世纪七八十年代,自动飞行控制系统发展成主动控制系统。20 世纪 70 年代,数字式电传操纵系统得到发展。由于电传操纵系统易于与机上其他系统(如导航系统等)交连,故 20 世纪 80 年代以来出现了航空综合系统。

1.2　飞行控制系统的基本回路

1.2.1　舵回路

舵回路又称小回路或者伺服回路,如图 1-5 所示。舵回路是由舵机的输出端反馈到输入信号端(用以控制舵面)构成的回路。从控制原理上讲,舵回路是一个典型的随动系统。

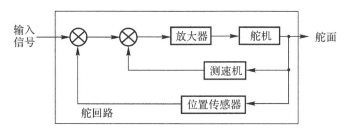

图 1-5　舵回路

舵回路一般由放大器、舵机、反馈元件(如位置传感器)等组成,反馈元件主要用于改善舵回路特性。舵回路按照反馈形式的不同可分成三类,即比例式、微分式和均衡式。舵回路的负载即为舵面本身由质量所带来的惯量,以及作用在舵面上的气动力矩(铰链力矩)。

1.2.2 稳定回路

稳定回路是由舵回路加上敏感元件和放大计算装置组成的自动驾驶仪,与飞机组成的新回路。稳定回路的作用主要是稳定飞机的姿态,或稳定飞机的角速度,如图1-6所示。

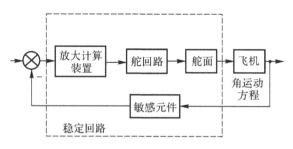

图1-6 稳定回路

1.2.3 控制回路

控制回路又称控制与导引回路,简称制导回路。该回路是完成对飞机重心轨迹控制的回路,它是以稳定回路为内回路的,具体如图1-7所示。飞机重心位置的改变是通过控制飞机角运动实现的。

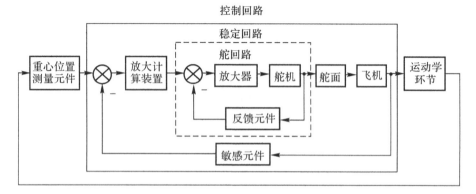

图1-7 控制回路

1.3　常见民用飞机飞行控制系统的基本架构

相比于军用飞行器,民用飞机从系统顶层设计开始,更加强调安全、可靠和运营的经济性以及舒适性,商业成功才是民用飞机研发成功的标准。作为与飞机总体设计、结构强度和发动机专业耦合最为紧密的机载系统,其对上述这些性能具有关键影响的系统之一就是飞行控制系统。民用飞机飞行控制系统到现在经历了多个发展阶段——机械操纵的经典飞行控制系统阶段、增稳与控制增稳系统阶段、电传飞行控制系统阶段,总体上是按照操纵系统的实现方式进行发展的,其中也伴随有新增加的系统功能。其发展方向涉及飞行控制系统驱动面作动器的电动化、控制自动化系统的使用等方面。

从飞行控制系统结构或架构的角度看,当前民用飞机飞行控制系统主要由主飞行控制系统和辅助飞行控制系统构成。

1.3.1　主飞行控制系统

主飞行控制系统一般包括:①副翼控制系统;②升降舵控制系统;③方向舵控制系统。飞行控制系统利用液压作动筒控制相应的飞行操纵舵面,这一过程由相应的功率控制组件(Power Control Units,PCU)完成。

滚转控制系统提供 X 轴向的滚转控制,系统可以通过驾驶员左右旋转控制盘或自动驾驶仪来实现控制。副翼控制系统控制两个安装于机翼后缘末端的副翼面,依靠感觉和定中组件为驾驶员操作控制盘提供人工的感觉反馈。

俯仰控制系统提供对飞机俯仰 Y 轴向的控制,由飞行员移动控制杆向前向后或自动驾驶仪来进行控制,方向舵控制系统驱动安装于左、右两边水平安定面后缘的升降舵面。

偏航控制系统提供对飞机偏航 Z 轴向的控制,系统由飞行员蹬踏方向舵脚蹬或自动驾驶仪来进行控制。方向舵控制系统安装于垂直安定面后缘的一个小方向舵面。

1.3.2　辅助飞行控制系统

辅助飞行控制系统一般包括:①水平安定面;②襟/缝翼系统;③扰流板控制系统。下面只介绍后面两种辅助飞行控制系统。

襟/缝翼操纵系统也称为高升力系统,一般由两个作动系统构成,一个系统控制机翼前缘的缝翼面,另一个系统控制机翼后缘的襟翼面。所有这些操作由驾驶舱中央控制台上的单控制杆来完成。

扰流板控制系统对两边机翼对称的扰流板组进行指令控制。扰流板控制系统提供滚转控制以增强副翼的滚转力矩,而飞行过程中的刹车控制在飞机下滑进近时用于增加飞行器下滑率。扰流板控制系统还提供自动地面刹车扰流板控制,通过增加气动阻力和机轮摩擦阻力以辅助轮刹在接地之后提高地面减速效果。相应的速度刹车手柄组件安装在驾驶舱中央控制台上。

1.3.3 波音飞机飞行控制系统

波音飞机作为市场上历史最为悠久的民用飞机制造商的代表,其系列飞机经历了较多型号的发展,例如 B707、B727、B737、B747、B757、B767、B777 和 B787 等,其中最具典型特征的飞机是 B737 和 B787。

B737 是民航历史上最成功的窄体民用飞机之一,其飞行控制系统采用机械助力操纵系统。它采用两套常规的驾驶盘/脚蹬为主的操纵输入,通过钢索、滑轮传递操纵指令,通过液压作动器驱动主要舵面(包括副翼、方向舵、升降舵、前缘缝翼和扰流板)。其中,后缘襟翼和水平安定面作动器采用 115 V 交流电源通过电缆传输指令进行驱动。在副翼和升降舵舵面设置有调整片和自动驾驶仪伺服作动器,在副翼和方向舵通道设置有配平作动器。B737 的操纵系统是一套经典的带助力的操纵系统。

B787 是当前波音系列飞机中的最新代表,它的飞行控制系统采用了电传操纵系统,实现了主飞行控制系统、高升力系统以及自动飞行控制系统的功能综合。其采用了双套驾驶盘/脚蹬为主发送控制指令,以四台飞行控制计算机为核心的系统架构,通过远程电子单元(Remote Electronic Unit,REU)控制液压作动器完成主要舵面(副翼、方向舵、升降舵以及大部分扰流板)的控制。其中,小部分扰流板作动器和水平安定面采用电作动器进行驱动,后缘襟翼和前缘缝翼采用以液压马达驱动为主、以电动马达驱动为辅的控制方式。

波音飞机具有一定的继承性,其飞行控制系统架构由机械操纵系统发展到电传飞行控制系统,同时,具有以下特点:

(1)采用驾驶盘/脚蹬为主发送控制指令;

(2)计算机集成化,合并了系统功能,减少了计算机的数量;

(3)向多电方向发展,部分舵面逐步采用了交流电源驱动;

(4)采用了一定的新技术,比如远程电子单元和可独立运动的内/外襟翼,减轻了传输电缆的重量,减小了飞机飞行中的阻力。

1.3.4　空客飞机飞行控制系统

空客飞机作为大型民用电传飞机的代表,其系列飞机也经过了多型号的发展,例如 A320、A330、A340、A350 和 A380 等,其中具有典型代表的飞机是 A320 和 A380。

A320 采用被动侧杆取代了传统的中央杆盘控制机构,是第一架采用侧杆控制的电传控制系统的民用飞机。它采用 2 套侧杆进行驾驶员控制输入,采用 9 个计算机控制飞行系统,其中:7 个计算机系统根据正常、备用或者直连模态处理飞行员和自动驾驶仪的输入,可完成副翼、方向舵、升降舵、水平安定面以及扰流板的控制;2 个计算机系统用来处理襟翼控制手柄的指令,可完成襟翼和缝翼的控制。

A380 是营运载客量最大的一种大型民用飞机。它采用 2 套侧杆进行驾驶员的控制输入,采用 9 个飞行控制计算机系统,其中:7 个计算机系统可以按照正常控制、辅助控制以及电子备用系统处理飞行员的输入,完成副翼、方向舵、升降舵、水平安定面以及扰流板的作动器驱动控制;2 个计算机系统用来处理襟翼控制手柄的指令,可完成襟缝翼的液压驱动控制。

空客飞机也具有一定的延续性,其飞行控制系统架构是在革新的电传飞行控制基础上向多电化方向发展,具有以下特点:

(1)采用侧杆/脚蹬为主发送控制指令;

(2)计算机分布化,机械备用系统发展为电子备用系统;

(3)向多电方向发展,部分舵面逐步采用了交流电源驱动;

(4)采用了其他新技术,比如多种类型作动器和可独立运动的内/外襟翼,增加了系统舵面驱动的多样性,减小了飞机飞行中的阻力。

第2章 民用飞机自动飞行控制系统

2.1 自动飞行控制系统的发展历程

自动飞行控制系统(Automatic Flight Control System,AFCS)是一种实现飞行过程中飞机姿态、航迹的自动控制和稳定控制的系统。飞行员通过自动飞行控制系统的控制界面输入控制参数和指令,系统根据指令自动控制飞机,大大减轻了飞行员负担,提高了飞行任务适应能力和效率,使飞机可以在长时间和长距离内自动沿预先设定的航线实现自动飞行,使飞机在夜间和恶劣天气中飞行成为可能。

自动飞行控制系统由自动驾驶仪发展而来,其发展主要经历了两个阶段。

1. 自动驾驶仪阶段

在民航发展初期,机组在飞行过程中需要持续关注飞行状态,以确保飞行的安全性。随着飞机航程的增加,数小时飞行中的注意力高度集中极易造成机组人员的疲劳,这一问题的解决催生了自动驾驶仪的研发和运用,最早的自动驾驶仪距今已有100多年。世界上第一套自动驾驶仪由 Sperry 公司于 1912 年开发,由陀螺实现俯仰轴和滚转轴的控制,确保飞机平直飞行,并于 1914 年首次用于飞行,1933 年利用自动驾驶仪实现 8 天内完成环球飞行。早期的自动驾驶仪利用反馈控制原理稳定飞机的角运动,实现飞机的稳定平飞;通过引入少量的输入指令,协助飞机的操纵。

2. 自动飞行控制系统阶段

20 世纪 60 年代初,在原有自动驾驶仪的基础上,技术人员进一步开发,引入了更多的附加设备,例如无线电导航辅助设备,这些设备逐步参与了外回路的控制。随着对自动进近和自动着陆需求的增多,自动驾驶仪进一步发展,扩大了外回路的控制,引入了自动油门进行推力的控制,形成了自动飞行控制系统,其主要功能不再只是角姿态的稳定和控制,而是实现航迹/速度的自动控制。此时,飞行模式控制板成为不可或缺的部件,飞行员需要通过飞行模式控制板选择自动飞行控制系统的工作模式,设定预选的速度、高度等参数。

随着计算机技术和信息化技术的发展,20 世纪 80 年代开启了自动飞行控制系统的高速发展,数字式的自动飞行控制系统和电子飞行仪表系统结合将自动飞行控制系统的工作模式通过显示器以信息通告的形式告知机组人员,并用于机组监控自动飞行控制系统的工作状态。数字式的自动飞行控制系统和飞行管理系统进行交连,将飞行管理系统作为工作指令的来源方,只要飞行管理计算机系统中存在有效的飞行计划航路,并选择自动飞行控制系统工作于水平导航和垂直导航的方式,再加上自动油门系统对发动机推力的自动控制,自动飞行控制系统就可以控制飞机沿计划航路的水平剖面和垂直剖面飞行了,实现了真正意义上的自动飞行。

自动飞行控制系统作为现代大型民用飞机的重要组成部分,经过多型号的研制,国外很多公司已具自动飞行控制系统整体的研发能力,并推出多型号的自动飞行控制系统。早在 20 世纪八九十年代波音公司的 B737-300/400/500 和 B747-400 就搭载了型号为 SP-300 的自动飞行控制系统,空客公司的 A300 和 A310 搭载了 SFENA. IFS-86 自动飞行控制系统。我国的 MA700、ARJ21、C919 等大型民用飞机的自动飞行系统基本上由国外供应商独立承担,自动飞行控制系统的模式建模和控制律设计都由供应商完成,由于知识产权等原因,无法获取系统内部的设计细节。

2.2　自动飞行控制系统的组成

自动飞行控制系统是现代民用飞机不可或缺的重要系统,自动飞行控制系统用传感器提供的所需信息进行飞机位置计算,根据飞机的位置和设置的飞行计划计算指令控制飞机和发动机,自动飞行控制系统的指令输至飞行控制系统计算机和发动机控制计算机来控制飞机操纵面和发动机,以此控制飞机的推力、姿态和飞行轨迹。

民用飞机自动飞行控制系统通常由基本自动驾驶(Auto Pilot,AP)仪、飞行指引(Flight Director,FD)仪、飞行模式控制板(Flight Mode Control Panel,FMCP)和自动推力系统(Auto Thrust System,ATS,或称自动油门系统)组成。

2.2.1　自动驾驶仪

自动驾驶仪的原理如下:飞机偏离原始状态,敏感元件感受到偏离方向和大小,并输出相应信号,经放大、计算装置处理后,操纵执行机构(如舵机),

使控制面(例如升降舵面)相应偏转,如图 2-1 所示。由于整个系统是按负反馈原则连接的,其结果是使飞机趋向原始状态。自动驾驶仪提供指令信号控制飞机的俯仰、横滚和偏航三个轴上操纵面的位置。通过按压飞行模式控制板上的相应按钮可接通自动驾驶仪,一般可以通过操纵杆/盘上的断开按钮和飞行模式控制板上的自动驾驶仪按钮实现自动驾驶仪的断开。

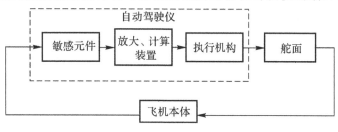

图 2-1　自动驾驶仪结构

自动驾驶仪的基本功能如下:

(1)保持飞机俯仰、滚转、偏航三轴的稳定。

(2)实现给定航向或俯仰角的控制,使飞机自动改变并稳定于期望航向或俯仰角。

(3)自动操纵保持飞机进行定高飞行或高度控制。

2.2.2　飞行指引仪

飞行指引仪用于显示各飞行模式的导引指令,提供进入和保持目标状态所需要的飞机姿态指引,并通过飞行指引的指令杆的方式显示,如图 2-2 所示。导引指令是自动飞行控制系统通过比较所测到的飞机当前状态(位置、速度、高度)与期望状态的差距,经过计算给出的俯仰和滚转导引指令。

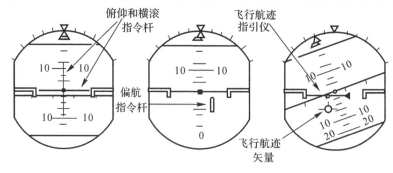

图 2-2　飞行指引指令

2.2.3　飞行模式控制板

　　自动飞行控制系统可以按照飞行员的期望对飞机进行控制,因此飞行员与自动飞行控制系统之间需要相应的人机交互界面,通过人机交互界面选择期望运行的自动飞行控制功能或模式。飞行模式控制板用于飞行员接通/断开飞行指引系统,选择自动飞行工作模式以及输入预选的高度、速度等。不同型号飞机的飞行模式控制板均有各自的设计特点,一般都具有自动驾驶仪和飞行指引仪接通/断开按钮以及飞行指引模式的选择按钮。图 2 - 3 为 ARJ21-700 飞机的飞行模式控制板,图 2 - 4 为 A320 系列飞机的飞行模式控制板。

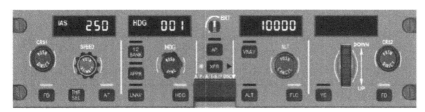

图 2 - 3　ARJ21-700 飞机飞行模式控制板

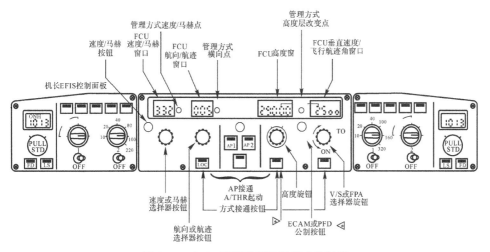

图 2 - 4　A320 系列飞机飞行模式控制板

　　注:ON 为开;OFF 为关;PULL STD 为拉杆;EFIS 为电子飞行仪表系统;FCU 为飞行控制装置;AP 为自动驾驶仪;A/THR 为自动油门;ECAM 为电子中央飞行监视;PFD 为主飞行显示器;FPA 为飞行航道倾角;F/O 为副驾驶;ONH 为气压拨正值;FD 为飞行指引仪;LS 为着陆系统。

上述控制面板名称各异、大小不同、开关设置有别、布局各有特点,但都为飞行员提供了与自动飞行控制系统进行交互的途径。

2.2.4　自动油门系统

实现对飞机速度控制的方案有两种:

(1)将速度误差信号和给定的速度信号送入自动驾驶仪的纵向通道,通过控制升降舵改变飞机的航迹倾角,利用重力改变飞机的飞行速度。

(2)将速度误差和目标速度引入自动油门,通过对推力的控制实现对速度的控制,以保证飞行过程中对飞行速度的要求。自动油门由自动油门计算机、油门杆伺服机构、空速传感器、显示设备以及控制设备组成。

2.3　自动飞行控制系统的工作模式

2.3.1　模式概述

飞行过程中所经历的各个飞行阶段所采用的飞行控制律是不一样的,可以实现多种控制以应对不同飞行场景的需求,即常规飞行控制实践所说明增益规划(Gain Scheduling,GS)。常规自动飞行均提供了多种控制模式,以对应到不同的飞行阶段、飞行需求以及控制目标,自动飞行控制系统在其中起到大脑决策的作用,完成控制模式的受控或自动切换,以及不同模式下控制律的实时解算,并向飞行控制系统执行机构输出相应的控制指令,以控制飞机完成飞行动作。

虽然目前在役的民用飞机大部分具备执行自动工作模式功能,但不同设计公司不同型号的民用飞机,其工作模式在设计阶段会有各自的考量和取向,从民航地区管理局适航审定和颁证角度并没有统一的要求,这需要根据前期飞机系统设计,研制总体指标要求、目标、功能定义来决定。但总体来讲,常规飞机自动飞行控制系统工作模式设计按照飞行轴向可以大致分为三类,即垂直模式、水平模式和多轴向模式。对于民用飞机而言,无论是支线干线飞机还是其他航空公司,其基本工作模式大致包含航向保持、高度保持、俯仰保持、滚转保持和航线保持等。

一般来说,自动飞行控制系统所涉及的控制模式如图2-5所示。

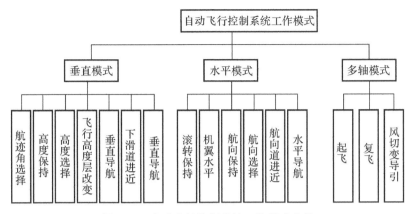

图 2-5　自动飞行控制系统工作模式分类

2.3.2　典型模式功能

自动飞行控制系统工作模式一般可以按照飞机控制的轴向分为纵向控制模式和横侧向控制模式,各民用飞机厂商对此有各自的定义。常见的控制模式包括俯仰保持模式、垂直速度模式、高度层改变模式、高度保持模式、高度截获模式、航向保持或航迹保持模式、航迹选择模式、航向选择模式、横向导航模式、航迹角保持模式、进近模式、起飞模式和复飞模式等。具体的典型模式功能包括:

(1)俯仰保持模式:自动飞行控制系统产生所需的导引指令,将飞机保持在某一固定俯仰角。

(2)垂直速度模式:自动飞行控制系统将产生所需的指令信号,使得飞机保持参考垂直速度。

(3)高度层改变模式:自动飞行控制系统根据所获得的和需跟踪的指示空速或者马赫参考空速,产生控制指令,使得飞机通过爬升或者下降高度达到所预选的高度层。

(4)高度保持模式:该模式在激活条件下,或者飞行发出指令情况下,自动飞行控制系统读取所设定的高度值,通过不断地获取当前高度信息,以产生导引指令,保持所设定的飞行高度。

(5)高度截获模式:当飞机接近自动飞行控制系统所选择(预选高度)的高度窗口区(即到达设定的高度差)时,自动飞行控制系统自动获取并产生纵向导引指令,使飞机平滑到达目标高度,并持续保障飞机保持该目标高度。

(6)航向保持或航迹保持模式:飞机持续保持应飞的航向或航迹。

(7)航迹选择模式:在该模式下,自动飞行控制系统在保障乘坐舒适性的情况下,不断快速地获得并保持选择的航向和航迹。

(8)航向选择模式:飞行员确定航向选择模式后,自动飞行控制系统将产生一个横滚的指令捕获和跟随设定的航向。

(9)横向导航模式:该模式提供航路导航和非精确进场横向导引的获取和追踪指令,使得飞机沿所选定导航源提供的横向方位进行飞行。

(10)航迹角保持模式:该模式是飞行航迹角模式中的一种基本垂直模式,飞机平稳达到并维持所选择的航迹角。

(11)进近模式:在横向上,系统提供精确和非精确两种进场的导引追踪指令,以使飞机对准降落跑道中心线;在纵向上,系统给出精确的期望下滑道跟踪指令。

(12)起飞模式:在横向上,系统提供航向控制指令,以导引飞机保持参考的航向;在纵向上,系统提供起飞俯仰控制指令,以导引飞机完成起飞动作。

(13)复飞模式:在横向上,系统提供航向控制指令,以导引飞机保持参考航向;在纵向上,为飞行员在选择复飞后提供导引指令。

2.3.3 模式设计标准

民用飞机作为民用类航空器,其研制和验证工作需要满足所在国适航当局颁布的适航审定标准。本部分所涉及的自动飞行控制系统工作模式也不例外,需要遵循一系列适航条款及相关的工业标准。中国民用航空局(简称民航局)CCAR25部(《运输类飞机适航标准》)中第1329条飞机导引系统,对运输类飞机的导引和控制过程给出了详尽的适航要求,其中与工作模式有关联的适航要求包括:

(a)必须给每个驾驶员提供具有快速切断自动驾驶仪和自动推力功能的操纵器件。自动驾驶仪快速切断操纵器件必须装在两个操纵盘(或其等效装置)上。自动推力快速切断操纵器件必须装在推力操纵杆上。当驾驶员在操作操纵盘(或其等效装置)和推力操纵杆时,必须易于接近快速断开操纵器件。

(b)对驾驶员人工断开自动驾驶仪或自动推力功能的系统,其失效影响必须按照第25.1309条的要求进行评估。

(c)飞行导引系统、模式或传感器的衔接或转换导致的飞机航迹瞬变,都不得大于本条(n)(1)中规定的微小瞬变。(本条对飞行导引系统的衔接或转换导致的飞机航迹瞬变做出了规定。)

(d)在正常条件下,飞行导引系统的任何自动控制功能的切断导致的飞机航迹瞬变,都不得大于微小瞬变。(本条对正常条件下,飞行导引系统任何自动控制功能的切断导致的飞机航迹瞬变做出了规定。)

(e)在罕见的正常和不正常条件下,飞行导引系统的任何自动控制功能的切断导致的瞬变都不得大于本条(n)(2)中规定的重大瞬变。(本条对罕见的正常和不正常条件下,飞行导引系统任何自动控制功能的切断导致的瞬变做出了规定。)

(f)如有必要,为了防止不适当使用或混淆,每一个指令基准控制器件的功能和运动方向,如航向选择或垂直速度,必须清楚地标示在每一控制器件上或其附近。(本条对控制器件的方向标识提出了要求,要求姿态控制器件的运动平面必须与飞机的运动效果一致。)

(g)在适于使用飞行导引系统的任何飞行条件下,飞行导引系统不会对飞机产生危险的载荷,也不会产生危险的飞行航迹偏离。这一要求适用于无故障运行和故障情况,前提是假设驾驶员在一段合理的时间内开始采取纠正措施。[本条提出在有无故障的条件下,飞行导引系统对航迹的影响限制的要求。"危险的载荷":超出结构限制或超出 2g 的载荷包线,或超过速度的任何情况。"危险的航迹偏离":故障发生后机组发现故障并采取纠正动作再加上改出时间的相应滚转角度在航路上为超过 60°;1 000 ft(305 m)高度以下为超过 30°。"合理的时间":从飞行导引系统发生故障,到驾驶员发现故障并采取纠正动作这一过程需要的反应时间。]

(h)当使用飞行导引系统时,必须提供措施以避免超出正常飞行包线速度范围可接受的裕度。如果飞机飞行速度偏移超出这个范围,必须提供措施防止飞行导引系统导引或控制导致不安全的速度。(本条对速度保护提出了要求。)

(i)飞行导引系统的功能、操纵器件、指示和警告必须被设计成使飞行机组对于飞行导引系统的工作和特性产生的错误和混淆最小。必须提供措施指示当前的工作模式,包括任何预位模式、转换和复原。选择器电门的位置不能作为一种可接受的指示方式。操纵器件和指示必须合理和统一地进行分类组合和排列。在任何预期的照明条件下,指示都必须能够被每个驾驶员看见。(本条对指示和警告提出了要求。工作状态指示装置应确保不会造成选择错误和指示不明确,并及时向驾驶员正确指示其飞行的即时工作状态,以提高飞行安全性能。"选择器电门的位置":由于选择器电门可能会发生错位、接触不良等不正常工作情况,因此本条要求,选择器电门的位置不可以用来作为飞行导引系统工作状态的指示方式。)

(j)自动驾驶仪断开后,必须及时地给每一驾驶员提供与驾驶舱其他警告截然不同的警告(视觉和听觉的)。

(k)自动推力功能断开后,必须给每一驾驶员提供戒备指示。

(l)当飞行机组对飞行操纵器件施加超控力时,自动驾驶仪不得产生潜在的危险。

(m)在自动推力工作期间,飞行机组必须不用过大的力气就能移动推力杆。在飞行机组对推力杆施加超控力时,自动推力不得产生潜在的危险。

(n)对于本条,瞬变指对控制或飞行航迹的一种干扰,这种干扰与飞行机组输入的响应或环境条件不一致。

(1)微小瞬变不会严重减小安全裕度,且飞行机组的行为能力还很好。微小瞬变会导致轻微增加飞行机组的工作负担或对旅客和客舱机组带来某些身体的不适。

(2)重大瞬变会引起安全裕度严重减小、飞行机组工作负担增加、飞行机组不适,或旅客和客舱机组身体伤害,可能还包括非致命的受伤。为了保持或恢复到正常飞行包线内,严重瞬变不要求:

(Ⅰ)特殊的驾驶技巧,机敏或体力;

(Ⅱ)超过第 25.143(d)条要求的驾驶员力量;

(Ⅲ)会对有保护或无保护的乘员产生进一步危害的飞机的加速度或姿态。

咨询通告 AC25.1329 作为对第 25.1329 条款符合性的建议设计准则,提出了针对飞行模式的具体设计要求、建议,对于工作模式的切换、告警和显示提出了设计建议。其中,第六章对各工作模式的特点进行了解释,阐明了这些模式的操作意图,以及在当前操作中可以接受的标准。对于本书开展模式切换逻辑的设计提供了参考。

美国机动车工程师(Society of Automotive Engineers,SAE)协会也发布了《自动驾驶仪飞行指挥和自动推力系统》(ARP5366),用于自动驾驶、飞行指引、自动油门的行业设计规范。

2.4　主流民用飞机自动飞行控制系统的架构

现代先进民用飞机上的自动飞行控制系统是基于电传飞行控制系统的。目前,空客采用电传飞行控制的机型为 A320、A321、A330、A350 和 A380,飞行控制系统最为先进的当属 A380 和 A350 飞机。波音公司采用电传飞行控制的机型为 B777、B787,其中以 B787 飞行控制系统最为先进。国内民用飞机(如 C919、C929 和 ARJ21 飞机)也配备了电传飞行控制。

最初自动飞行控制计算机单独作为一个航线可更换单元(Line Replacbale Unit,LRU)发送自动飞行控制指令给主飞行控制计算机完成自动驾驶,如今自动飞行控制计算机已经与主飞行控制计算机采用共用的硬件平台,软件采用分区形式,其余部件就只剩模式控制板(Mode Control Panel,MCP)。模式控制板作为人机交互的控制输入面板,无论波音飞机还是空客飞机,其模式功能类似,主要包括自动驾驶仪等的接通/断开选择、自动驾驶仪的高级模式,极大地方便了飞行员的驾驶。自动飞行控制系统在主电传飞行控制系统中的存在形式主要有以下三种。

2.4.1　干线飞机自动飞行控制系统

A320、B777 是首次采用电传飞行控制的大型民用飞机,两者自动飞行控制系统主要由自动驾驶仪计算机或自动驾驶仪飞行指引计算机、模式控制板组成。飞行员在模式控制板上可选择自动飞行状态下的各种模式。自动驾驶仪计算机或自动驾驶仪飞行指引计算机都作为单独的航线可更换单元形式存在,计算机中驻存有自动飞行控制应用软件,自动驾驶仪和自动飞行控制系统是两个独立的系统。自动飞行控制指令发送给主飞行控制计算机,通过主飞行控制系统完成自动飞行。同时,自动飞行控制系统与自动油门系统、飞行管理系统交连,飞行管理系统输出控制信号给自动飞行控制和自动油门系统,完成部分模式功能、导航飞行和最佳飞行。A320 主飞行控制计算机为 5×2 架构,B777 为 3×3 架构,且 A320 采用 ARINC429 总线进行通信,B777 采用 ARINC629 总线进行通信。

2.4.2　支线飞机自动飞行控制系统

Embraer 170/190 飞机、ARJ21 飞机为中程支线民用飞机,ARJ21 飞机和 Embraer 170/190 飞机自动飞行控制系统功能类似,包括自动驾驶仪、自动俯仰配平、偏航阻尼器、飞行导引。自动飞行控制系统的所有应用软件都集成在综合处理平台内。自动飞行控制系统都有独立的智能伺服舵机(副翼通道、升降通道),其中 Embraer 170/190 部分飞机方向通道配置单独的智能伺服舵机,舵机直接驱动驾驶杆、盘运动,驾驶杆、盘将运动信号发送给主电传飞行控制系统,进而完成自动驾驶控制。而方向通道则通过偏航阻尼系统提供方向舵指令来进行转弯协调。

ARJ21 飞机和 Embraer 170/190 飞机自动飞行控制系统采用双余度构架,主备配置。ARJ21 飞机自动飞行控制系统中的飞行控制板、舵机采用传统的 ARINC429 进行通信,而 Embraer 170/190 飞机引导面板采用 RS422(数据传输协议)与 MAU(模块化航空电子设备)进行通信,各舵机采用工业 CAN(控制器局域网总线)网络总线与 MAU 通信。

2.4.3 新一代民用飞机自动飞行控制系统

B787、A380 作为当今世界最先进的大型民用飞机,其自动飞行控制系统也最为先进,B787 自动飞行控制系统构架和 A380 自动飞行控制系统构架中枢采用更新的 AFDX(航空电子全双工交换式以太网)网络总线进行通信。其自动飞行控制系统与 A320、B777 飞机在功能上类似。

B787、A380 在硬件上只保留模式控制板,取消了集成在电子设备架上的自动飞行控制专用模块,自动飞行软件包则驻留在飞行控制模块中,硬件和软件综合化程度更高,主飞行控制、自动飞行已高度集成在一起。而对于两种飞机主飞行控制系统来说,B787 还是保留了作动器控制电子(Actuator Control Electronics,ACE),只是与其他硬件集成在综合飞行控制柜上,主飞行控制、自动飞行、高升力控制高度综合,均在三个飞行控制模块中实现。A380 的主飞行控制系统已经发展为由三个主飞行控制计算机、三个次飞行控制计算机和备用控制单元组成。

第3章 适航法规与文件体系

《适航理念与原则》中定义:"适航性是指民用航空器(包括其部件及子系统)的整体性能和操纵特性,在预期的运行环境和使用条件限制下,具有安全性和物理完整性的一种品质。这种品质要求航空器在全寿命阶段内,应始终保持符合其型号设计和始终处于安全运行状态。"

3.1 中国适航发展历程与审定管理体系

我国是国际民航组织(International Civil Aviation Organization,ICAO)缔约国、理事会成员国,履行《国际民用航空公约》是应尽的义务。1974年2月15日,我国外交部部长通知国际民航组织秘书长,决定承认《国际民用航空公约》,恢复我国在国际民航组织的活动。

依照《国际民用航空公约》,各成员国需建立民用航空器适航管理机构,履行国家适航部门的职责,开展民用航空器适航管理工作。各缔约国之间,承认并允许在关于民用航空器、维修机构、维修人员等方面的规章、标准、程序及工作组织方面的合作,力求取得最大程度上的一致性。

我国自1949年11月民航局组建成立到20世纪80年代初,民航的技术业务、飞行、政工、人事管理等工作主要由空军领导。一方面,基本上是学习和沿用苏联的一套管理办法;另一方面,也逐步引进和借鉴了西方管理模式。因此,在国际上双重管理体制影响下,民航局始终是集政府职能和企业经营职能于一体的政企合一格局。

在以后30多年里,尽管民航局也有不少政府管理职责,其中包括一些管理的内容,如航空器的登记、颁发适航证、颁发机务通告、进行事故调查等,但主体上仍然是以企业的维修技术管理为主,对适航航空器的设计、制造根本谈不上适航管理。

中国共产党的十一届三中全会之后,我国民用航空运输和制造业都出现了突飞猛进的发展局面:国家确定的骨干航空公司相继成立,国际航线不断开辟;地方航空公司也组成营运,国产民用航空器 Y7、Y12 等机型陆续完成设计和制造;同国外合作生产的 MD-82 型飞机、国外来料加工以及国产航空产品打入国际市场;等等。这些都迫切要求和促使我国尽快建立适航性监督和检查的管理体制。

以民用飞机制造业为例,国产飞机要向国外市场推销,必须先获得中国适航部门的型号合格证、生产许可证和出口适航证。客观现实要求,民航局必须承担航空器初始适航管理的责任。为适应民用航空事业的发展,支持国内航空产品的制造,保障民用航空的营运安全,必须对民航局进行体制改革。

民航局按照 1987 年初国务院批准的民航系统改革方案,实行政企分开,简政放权,职能机构,主要实施政策、法规管理,运用宏观调控手段进行行业管理。民航局内部设立了航空器适航司,统一管理全部的民用航空器适航性事务。可以说,国内的改革开放和民用航空事业的发展,促使我们走上了主动实施民用航空器适航管理的道路。

3.1.1 中国民航适航发展历程

1. 适航管理的主动酝酿期

进入 20 世纪 80 年代,国际航线日益增多,引进大型远程运输机和租机营运出现高潮。要进行合法的维修,美国联邦航空局(Federal Aeronautics Administration,FAA)需对维修单位按《美国联邦航空条例》(*Federal Aeronautics Regulations*,FAR)进行合格审定。有关的放行人员要取得美国联邦航空局的维修人员执照。而要取得美国联邦航空局的维修许可,中国适航部门就要首先进行审定、认可和颁证。国外的承修厂家要求得到我国适航部门的认可批准。从 1986 年 6 月开始,我国逐步对新加坡、日本、澳大利亚等国的十几家航空公司或维修单位进行了维修许可审查,颁发了维修许可证。

在民用航空制造业方面,已投入使用的国产 Y12 型飞机,为满足出口国外市场的需要,原来由航空定型委员会和航空工业部主要负责的设计定型、生产批准程序要求,不被国外所承认。依照国务院的指示,民航局开始介入民用航空器的初始适航管理。

1985 年 12 月—1986 年 12 月,民航局在有关部门的支持下,完成了 Y12 Ⅱ型飞机的型号及生产许可审定,颁发了型号合格证和生产许可证。1987 年 7 月—1988 年 5 月,由民航局适航部门主持完成了国产 Y7-100 型飞机的补充型号合格审定和生产许可审定,颁发了相应的证件。

为了适应与日俱增的适航管理工作,当时的民航局航空工程司调整改变了下属各处的职能划分,设立了适航标准处、适航工程处、适航检查处等。1985 年 5 月,在天津中国民航学院举办了第一期维修人员执照培训班。首批 30 名学员结业取得了维修人员基础执照。1986 年,维修人员执照工作进入了高潮。通过这一系列工作的开展,我们深深感到法规建设的重要,要做好民用航空器适航管理工作,不仅需要专门的机构和部门,而且还需要一整套的规章、程序完善的立法。

1975 年 7 月出版的《中国民用航空机务条例》,1983 年 10 印发、1984 年 1 月执行的《中国民用航空机务工程条例》是中国最早适航管理规章的典型代表;1986 年 10 月出版的《中国民用航空条例——适航管理暂行规则》的内容和所涉及的范围,已从民用航空器的使用、维修扩展到了民用航空器的设计、制造。

《中国民用航空条例——适航管理暂行规则》中确立了六大证件及其管理程序,它们是:

(1)民用航空产品的型号合格证(Type Certification,TC);

(2)民用航空产品的生产许可证(Product Certification,PC);

(3)民用航空器国籍登记证;

(4)民用航空器适航证(Airworthiness Certification,AC);

(5)民用航空产品维修单位维修许可证;

(6)民用航空产品维修人员执照。

正是这个《中国民用航空条例——适航管理暂行规则》,为《中华人民共和国民用航空器适航管理条例》的形成奠定了基础。

1985 年、1986 年先后制定了三部中国民用航空规章:

(1)《民用航空规章制订程序》(CCAR 1);

(2)《运输类飞机适航标准》(CCAR 25);

(3)《正常类、实用类、特技类飞机适航标准》(CCAR 23)。

1987 年 3 月 17 日,国务院常务会议上通过了《中华人民共和国民用航空器适航管理条例》(简称《适航条例》),5 月 4 日颁布,6 月 1 日起施行。这是中国民航史上的一个重大转折,是民用航空系统的一项重大体制改革,是国家法定适航管理工作的开始。依照《适航条例》第四条规定:"民用航空器的适航管理由中国民用航空局负责。"民航局授权当时的航空工程司负责适航管理工作,同时对外更名为航空器适航管理司。

1987年4月,民航地区管理局政企分开试点工作在原成都管理局进行。同年10月,民航西南管理局成立,民航西南管理局航空器适航处组建,这是第一个二级政府部门的适航管理机构。1987年,为完善持续适航管理工作,先后制定了《民用航空器航线维修规定》《维修人员执照收费办法》《航线维修审定程序》《维修管理手册编写指南》。1987年,是适航管理工作成绩显著的一年。至此,中国民用航空器适航管理的酝酿阶段结束。

2. 适航管理初始创建期

(1)初步形成的适航管理体系。根据国务院颁布施行的《适航条例》的规定,民航局代表中国政府对中国民用航空器的设计、制造、使用和维修实施全面适航管理。从1989年11月30日起,民航局按照国务院机构编制委员会审批的民航局部方案,民航局机关经过机构改革,设立了包括航空器适航司在内的13个司局,并按新的职责分工行使职权。民航局授权航空器适航司具体负责民用航空器适航管理工作。

继民航西南管理局之后,先后又有民航华东管理局、华北管理局、西北管理局、东北管理局及其航空器适航处成立。同时,还相继组建了上海、西安、沈阳3个航空器审定中心。至此,初步形成了民航局航空器适航管理体系。民航局下属的6个地区管理局均设有航空器适航处,业务上受航空器适航司领导。航空器适航司除司领导和总工程师、副总工程师外,下设适航标准处、适航工程处、适航检查处、适航联络处和维修协调处等5个业务处。初步形成的适航管理体系,为全面推行适航管理工作起到了组织保证作用。

(2)建立新的文件管理体系。立法和颁证是民用航空器适航管理的两大支柱。适航部门依据《国家航空法》和《适航条例》,统一制定并颁发各种与安全有关的技术问题和管理问题方面的适航标准、规章、规定、指令、通告等,即立法、定标,它是安全性的要求。民用航空器适航管理工作所涉及的各种法规和文件体系在1989年1月1日颁发的《适航管理程序》(AP-01-01)中进行了详细的说明。

(3)颁发各种适航证件。适航证件是合法资格的凭证。适航部门通过审定和颁发各种证件来检验民用航空企业执法和符合标准要求的程度,是实施检查、监督的有效手段。在适航管理有关证件方面,涉及民用航空器和民用航空器的设计、制造、使用和维修单位及其人员。中国民用航空器适航管理的证件已有20多种。

(4)建立民用航空器适航信息网。民用航空器的适航信息管理是加强适航性监督、强化质量管理的基础,也是提高航空器设计、制造、使用和维修水平的重要环节。一架航空器的基本质量,固然取决于它的初始设计和制造,但在整个运行使用过程中,这种基本的质量必须依照各种维修规则及标准使之得到保持。此外,还必须通过采取改善、改进、改装等措施使之得到恢复或加强。因此,保持民用航空器的持续适航性,是适航部门、航空公司(使用和维修部门)和设计制造部门的共同责任。

适航部门进行持续适航管理的关键,是建立民用航空器适航信息交换网络,及时收集民用航空器使用中所出现的故障和涉及适航性的各种安全问题。对其中某些危及飞行安全的重大问题,责成航空公司或设计制造部门提出纠正措施、编印工程指令或技术服务通告。必要时,适航部门据此编发适航指令,或批准修改维修大纲,以纠正航空器型号审定合格后发现的不安全情况。这种信息收集、分析处理和措施纠正的闭环控制,是民用航空器持续适航管理的基本任务。

为有效地对民用航空器的设计制造和使用维修实施监督检查,以确保民用航空的安全,制定了民用航空器适航信息管理的规定,建立了民用航空器适航信息网。我国民用航空器适航信息网的结构组成分为三级:一级信息站是全网的中心,由航空器适航司承办;二级信息站是全网的中间环节,由各地区适航处承办;三级信息站是全网的基础,由各航空器使用和维修单位承办。各级信息站既是整个适航信息网的网员单位,又是一个相对独立的信息管理子系统。适航信息网从 1990 年 7 月 1 日正式开始运行。

(5)适航管理工作的国际交往。在适航管理工作的国际交往方面,先后与美国 FAA、法国民航局(Dirección General de Aeronáutica Civil,DGAC)、德国民航当局(Luftfahrt-Bundesamt Adiministration,LBA)、日本民航局(Japan Civil Aviation Bureau,JCAB)等适航部门建立了工作关系。与此同时,参与了国际民航组织持续适航专家小组的活动。这些工作既促进了我国民用航空器适航管理工作的发展,又为打开我国民用航空器适航管理的局面,走向世界创造了条件。

为支持和配合中美合作生产 MD-82 型飞机,1986 年 3 月,中美两国民航当局签订了有效期为 5 年的《技术合作协议备忘录》(*Memorandum of Agreement*,MOA)。1991 年初,又完成了 MOA 延长 5 年的协议签署。

根据 MOA 附件二的规定,双方广泛开展了适航检查员的培训。以 FAR23 为内容、以 Y12 飞机为对象,先后举办了 6 期培训班。这些培训活动：一方面为我们的检查员深刻理解美国的型号合格审查和生产许可审查；另一方面为 FAA 了解我国的适航管理，包括法规、机构和人员水平，为建立双边关系奠定了基础。

在此基础上，1991 年 10 月 14 日，中美两国签订了《关于进口航空产品适航审定、批准或认可的协议》（简称《中美双边适航协议》），通过互换外交照会而生效。同年 10 月 19 日，经两国民航局局长签署的《中美双边适航协议的实施细则》生效。同年 11 月 18 日，美国联邦航空局将上海组装生产 MD-80 系列飞机生产线的适航质量监督权正式移交给中国民用航空局。

中美政府双边适航协议的签署，象征着我国民用航空器适航管理完成了初始创建期的任务。同时，也表明我国民用航空器适航管理得到了国际权威适航机构的认可。这对提高中国民用航空产品的研制、生产能力和我国适航部门评审能力的声誉，对中美双方在民用航空领域的进一步合作，都将产生深远的影响。

3. 适航管理初步发展期

1992 年 2 月 13 日，民航局局长办公会议讨论通过，决定组建民航局航空器适航中心。3 月 11 日，民航局以局发〔1992〕71 号文发出了《关于组建航空器适航中心的通知》。在局领导的重视和支持下，以原第一研究所的适航室、维修工程室和适航信息资料室为基础，经过必要的筹备之后，于 1992 年 6 月 1 日正式组建了航空器适航中心。

航空器适航中心领导设主任和副主任。主任由适航司司长兼任。航空器适航中心下设 5 个处室，分别是适航条法处、适航工程处，适航培训处、适航资料室和办公室。同时，调整航空器适航司的部分业务处，改"标准处"为"适航双边处"，改"工程处"为"适航审定处"，保持适航检查处、适航联络处和维修协调处不变。

至此，民航局适航部门即立法决策层初步形成，从而加强了民航局适航部门的技术力量，调整了职责分工，夯实了适航管理的某些，有力地推动了适航工作的开展，并在一定程度上缓解了适航管理人员不足与安全工作日益艰难、安全形势十分严峻的矛盾。

1993 年 12 月 20 日，国务院决定民航局的机构规格由副部级调整为正部级。随后，民航局按照中国共产党的十四届三中全会关于建立社会主义市场经济体制的决定精神，贯彻党中央、国务院关于党政机构改革的指导原则以及加强民航工作的指示，坚持政企分开、转变职能、加强行业管理、完善民航管理体制,促进我国民航事业发展,实施了以职能配置、内设机构和人员编制的三定方案。

3.1.2 中国民航适航审定管理体系

我国民用航空器适航管理机构逐步形成了三层式民用航空器适航管理结构体系。

第一层:立法决策层——民航局航空器适航司和航空器适航中心;

第二层:执法监督层——各地区管理局航空器适航处及航空器审定中心;

第三层:委任基础层——所有的委任适航代表和委任单位代表。他们是民用航空企、事业单位和其所属的人员,这是我国民用航空器适航管理工作深入企(事)业当中去的群众基础,也是让企(事)业单位增进适航意识和参与适航管理工作的一种形式。

这样三层式的结构体系,反映了我国民用航空器适航系统的全貌。而第一层和第二层则是我国民用航空器的适航部门。

适航管理既要引进国际先进的管理经验,又要从我国的实际出发,这是一个对立统一的辩证关系。就民用航空器适航规章而言,基本上分为技术标准和管理规章两大类。我们的原则是:技术标准采用国际先进标准,以利于安全和国产航空产品打入国际市场;管理规章则需从实际出发,既要符合国际上适航管理的原则,又要结合我国的国情。

对民用航空器实施年度适航检查(年检)制度,我国借鉴了美国 FAA 对通用航空小型航空器进行年检的做法,但有所创新和发展。我国的年检是对全部在册航空器每年都进行一次适航性检查,并完成适航证有效性的签署。

只有正确认识和处理适航管理的国际性和国情的关系,才能正确地开拓我国适航管理的路子,加速国际适航双边关系的建立。

对民用航空器的适航管理,我国确定了系统性和群众性相结合的管理原则。我国的三层式适航管理机构体系就是这种原则的体现。由于适航管理专业面广、技术性强,所以除了适航部门(系统自身)以外,还建立"委任代表"制度,调动有关专业的技术专家直接参与适航性管理工作。民用航空器的适航管理,是民用航空界每一个从业人员的事,适航符合性将贯穿每一个工作人员的工作过程和质量保证上,因此它始终具有广泛的群众性。

在充分实施系统性适航管理职能的同时,还必须特别注重各民用航空企事业单位适航意识的培养和增强,要让企(事)业单位的负责人及每一位职工都明白,适航管理工作不仅仅是适航部门的事。它是政府适航部门、民用航空器设计制造部门和民用航空器使用维修部门共同承担和负责的事情。企业讲安全、质量、效益,要通过适航管理工作不断深入来保证,要靠增进企业全体人员的适航意识,逐步建立起一套科学的、先进的企业管理机制。在不断自我完善的基础上做到自觉地接受适航管理和参与适航管理,不断地提高企业的安全、质量和效益水平。

系统性管理,实行统一标准、统一程序、统一控制,可避免"多政府"或无政府状态;系统性与群众性相结合是系统管理的重要补充,也是一个"逆监督",即监督适航部门的公正性。

适航管理的基础是立法和决策。尽管立法过程中经常采用"公众听证会"等方式,听取专家和公众的意见,力求立法和决策的准确性。但实践是检验真理的唯一标准,执法监督实践的信息反馈对完善适航法规具有重要的作用。另外,科学技术又在不断地发展和进步,因此,适航法规不是一成不变的,需要适时修订和完善。

执法监督是立法决策的延续和扩展,也是系统部门内的自我监督与制约的一种形式。从适航部门所设的立法决策层和执法监督层来说,只是分工不同,而工作性质和所承担的责任是一样的。

3.2 FAA 适航审定体系

3.2.1 FAA 适航审定发展历程

1926 年,美国在商务部成立航空司(Aeronautic Branch),并颁发第 7 号航空通报(基本要求),对飞行员、航图、导航、适航标准进行管理。第一架飞机 Buhl Airstar 得到了型号合格审定,并颁发了飞机设计手册。

1928 年,美国颁发了第 14 号航空通报。该通报关注飞机结构、发动机和螺旋桨。从 1928 年到 1933 年相继颁发了第 7A、7G、7F 航空通报,分别对飞机结构、发动机和螺旋桨、飞机部件和附件进行了进一步要求。1934 年,美国把航空司更改为航空局,并开始制定民用航空规章。从 1934 年到 1958 年,美国相继制定颁发了 CAR04(飞机适航要求)、CAM04(要求和解释材料)、CAR03(小飞机)、CAR06(旋翼机)、CAR04a - 1(技术标准规定,Technical Standard Order,TSO)、CAR7(运输类旋翼飞机)。1958 年,美国把原来航空局更改为联邦航空当局(Federal Aviation Agency,FAA),给 FAA 增加了制定规章和军民空管职责。同年,第一架喷气式飞机 B707 得到了 FAA 的审定,该飞机一直生产到 1991 年。从 1958 年开始美国逐步制定 FAR。1965 年,美国制定并颁发了 FAR21 部——《适航审定管理程序》,并把 CAR 相继转换成 FAR。

1966 年,美国把联邦航空当局更改为联邦航空局(Federal Aviation Administration,FAA),并把事故调查的职责划分给了美国国家运输安全委员会(National Transportation Safety Board,NTSB)。1981 年,FAA 的适航审定司建立了四个审定中心,按飞机的类别负责审定政策和项目管理。

FAA 有数十年的发展历史,是当今世界经验最丰富、最强大的适航当局。随着设计技术的进步、对运营故障和事故的研究,FAA 的适航要求在不断地修订。随着航空工业的发展,FAA 也在不断地改造调整其组织机构和布局。

3.2.2　FAA 适航审定架构

在美国联邦航空管理局,设有航空器审定司,负责适航审定管理。FAA 适航审定组织机构中:

第一层是 FAA 总部的适航审定司,设有行政支持办公室、国际适航处、设计制造和适航处、计划和项目管理处、航空燃油项目办公室,负责适航政策的制定与管理工作。

第二层是根据民用航空工业布局,按专业分工在不同区域设立的运输类飞机、小型飞机、旋翼航空器、发动机和螺旋桨四个适航审定中心。审定中心负责所辖地区航空产品的型号合格审定项目管理,以及所辖地区办公室的管理,负责相关航空产品的审定政策及标准化,并制定适航标准。FAA 审定中心和各地航空器审定办公室的设置,充分考虑了美国航空工业布局。例如:运输类飞机审定中心位于波音公司所在地西雅图;小飞机审定中心位于堪萨斯城,与通用飞机制造商塞斯纳在同一地区;旋翼航空器审定中心位于沃斯堡,与贝尔直升机公司在同一地区;发动机和螺旋桨审定中心位于波士顿,与发动机制造商通用电气(General Electrical,GE)和普惠在同一地区。

第三层是每个审定中心所辖地区中负责具体审定审查工作的现场办公室,航空器审定办公室(Aicraft Certificate Office,ACO)、制造检查地区办公室(Manufacture Inspect Dimension Office,MIDO)、制造检查卫星办公室(Manufacture Inspect SatelliteOffice,MISO)、证件管理办公室(Certificate Management Office,CMO)等。

3.3 EASA 适航审定体系

3.3.1 EASA 适航审定发展历程

空客以及欧盟和美国在民用航空界的竞争需求促成了联合航空当局(Joint Aviation Authorities,JAA)的诞生。20 世纪 70 年代初,为了在欧洲大型运输类飞机和发动机的代码共享以及空客,在欧盟范围内成立了 JAA。这时的 JAA 主要负责大型运输类飞机和发动机的适航技术要求。1987 年,JAA 的工作范围扩展到了运营、维修和人员执照。

1990 年,JAA 正式成立,在欧洲统一了民用飞机的安全要求。这时的 JAA 不是一个法律框架下的机构,而是一个协会,在每个主权国家同时存在适航当局。在对项目审查时有 JAA 组成由各国适航当局参加的审查组,审查报告提供给各适航当局,最后由各适航当局单独颁发证件,但使用的标准统一。

随着欧盟国家一体化步伐的迈进,以及欧洲民用航空竞争的需要,2002 年欧盟决定成立具有法律权限的 EASA。EASA 全面接替原 JAA 的职能,并在成员国内按欧盟法律具有强制性的权限,开始制定 CS‐21(Certification Specifications,认证规范)、CS‐23、CS‐25、CS‐E 等适航规章。

3.3.2 EASA 适航审定架构

目前,EASA 的主要任务有:

(1)规章的制定,包括制定航空安全性法规,向欧洲委员会和成员国提供技术建议。

(2)制定检查、培训和标准化方案,以确保所有成员国统一实施欧洲航空安全性法规。

(3)航空器、发动机和零部件的安全性和环境方面的型号合格审定。

(4)全世界范围内航空器设计机构的批准以及欧盟以外的生产和维修机构的批准。

(5)航空器运行机构和运营人的批准。

(6)空中交通管理(Air Transportation Management,ATM)和空中航行服务(Air Navigation System,ANS)机构的认证。

(7)EASA 职责范围内的空中交通管制(Air Traffic Controller,ATC)培训机构、在欧盟范围内提供服务的非欧盟空中航行服务机构以及泛欧盟提供商的认证和监督。

(8)第三国(非欧盟)运营人的认可。

(9)考虑使用欧盟机场的国外航空器安全性评估。

(10)进行数据收集、分析和研究以实现提高航空安全的目的。

3.4　波音、空客适航审定体系

经过数十年的发展,欧美在民用航空领域体系较为完善,最集中地体现在制造商的人力资源建设方面。

3.4.1　波音适航审定机构

美国在民用飞机制造业产业结构方面呈现典型的"金字塔"结构,其"塔尖"就是波音公司。波音凭借雄厚的技术实力和巨大的市场份额,成为美国乃至世界民用航空业内的大公司。其"塔基"则是数量众多、充满活力、各具特色、产品和服务多样化、经济总额巨大的小型航空制造企业。

波音的适航组织受波音副总裁直接领导,下设产品集成、产品研发、委任符合性验证机构、飞行运行、国际合作等部门。其中与适航验证密切相关的有产品集成和委任符合性验证机构两个:

(1)产品集成部门。产品集成部门负责为交付飞机的单机适航检查、产品后续技术支持、安全管理等工作。

(2)委任符合性验证机构。委任符合性验证机构根据适航规章要求建立,主要负责型号合格审定项目的管理和技术支持,其核心是通过适航代表参与到审定项目的流程管理和符合性验证技术评估的各个环节。

3.4.2　空客适航审定机构

欧洲在民用飞机制造业产业结构方面也呈现典型的"金字塔"结构,其"塔尖"是以空客为代表的、在欧洲跨国合作的、拥有雄厚技术实力和巨大市场份额的航空制造业。其"塔基"则是数量众多、充满活力、各具特色、产品和服务多样化、经济总额巨大的小型航空制造企业。

与美国不同,这些小型航空制造企业往往作为大的航空制造企业的供应商来提供各种机载设备、零部件和飞机加改装服务。

空客按照欧洲的适航规章,建立了设计机构并获得了欧洲航空安全局的设计机构批准,如表3-1所示。其设计机构主管由公司的首席执行官任命。在空客适航组织机构中,设有五个主要职能部门。

表 3-1　空客适航机构

部门名称	主要职责
设计办公室	负责产品的研发设计,人员主要包括负责研发设计的设计工程师和负责符合性确认的符合性验证工程师
试验办公室	负责飞行试验和地面试验工作
适航办公室	负责协调法国、德国、英国和西班牙空客公司的适航活动,负责包括A320、A330、A340、A380飞机和正在研发的A350飞机的项目管理,负责单机适航审定等持续适航工作
设计保障系统监控办公室	负责设计机构手册编写、贯彻实施、执行内部监督和审计,以及外部资源管理
顾问办公室	负责相关产品技术和管理方面的咨询

3.5　中国适航法规概述

《中华人民共和国民用航空器适航管理条例》简称《适航条例》,明确规定民用航空器的适航管理,是根据国家的有关规定,对民用航空器的设计、制造、使用和维修,实施以确保飞行安全为目的的技术鉴定和监督,必须执行规定的适航标准和程序。

适航管理涉及飞机、旋翼机、载人气球、发动机、螺旋桨、航空材料、零部件和机载设备等的适航审定,需要相应的适航标准、管理规章和程序;适航管理涉及对有关机构和人员的资格审查、监督,需要有相应的规章和程序;适航管理涉及航空器运行的审定和监督检查,也需要有相应的规章和程序。

总之,适航管理必须有一套完整的适航法规、程序和文件。

我国适航管理的正式立法工作起始于1985年,1987年5月4日国务院颁布《适航条例》之后,加快了立法进程,经过多年的努力,适航管理法规和文件体系已基本建立,适航管理工作已有法可依了。

适航立法基本原则是:

（1）以《国际民用航空公约》的有关附件为基础；

（2）以美国联邦航空条例为主要参考内容；

（3）吸收中国民航局已颁发的规章和文件中的适用部分。

1983 年 8 月，我国颁发了《中国民用航空管理规则》。其中包含以下 6 个暂行规定：

（1）民用航空器国籍登记证颁发程序及管理规则；

（2）民用航空器适航证颁发程序及管理规则；

（3）民用航空器机载无线电设备电台执照管理规则；

（4）民用航空器维修单位生产许可证的申请和颁发程序；

（5）民用航空器飞行人员执照的申请和颁发程序；

（6）民用航空器维修人员执照的申请和颁发程序。

1983 年 10 月印发、1984 年 1 月生效的《中国民用航空机务工程条例》，也有适航管理的内容：主要是民用航空器国籍登记证，适航证的申请与颁发；维修单位生产许可证的申请与颁发，维修人员执照的申请与颁发；等等。这与《中国民用航空管理规则》的规定是一致的。

1986 年 10 月颁发了《中国民用航空条例——适航管理暂行规则》（简称《规则》）。该《规则》说明中指出："这是中国民用航空局行使政府管理职能，加强适航性管理的一个重要措施，是保障航空安全和公众利益的有效手段。""按照制定的各种规则、条例、标准和程序，保证和保持民用航空产品的适航性是民用航空产品的设计者、制造者和使用者应负的责任。"《规则》的主要特点是：确立六大证件，即型号合格证和型号批准书、生产许可证、国籍登记证、适航证、维修许可证，以及维修人员执照；从民用航空器使用、维修管理扩展到设计、制造，为民用航空器适航管理贯穿于航空器从孕育、诞生到寿命终止的全过程打下基础。

为了实施对民用航空器的初始适航管理工作，进行型号合格审定，民航局在有关部门的协助下，以 FAR 25 和 FAR 23 为主要参考本，组织制定了《中国民用航空规章》第 25 部《运输类飞机适航标准》（CCAR 25）和第 23 部《正常类、实用类和特技类飞机适航标准》（CCAR 23），分别于 1985 年 12 月 31 日和 1986 年 12 月 31 日颁布并实施，为我国民用航空器的研制提供了适航标准。

1987 年 5 月 4 日国务院颁布《中华人民共和国民用航空器适航管理条例》。我国第一次用行政法规明确规定了民用航空器适航管理的宗旨、性质、任务、范围和责任等,明确民航局为我国民用航空器适航管理的主管部门,这标志了我国法定适航管理的开始。民航局适航部门为了贯彻落实《中华人民共和国民用航空器适航管理条例》,经过调研和初步实践,制定了适航管理法规和文件体系框架,并制定了立法总体规划和年度立法计划制度,有计划、有步骤地完成适航立法工作。

3.6 中国适航法规和文件体系

适航管理法规和文件体系分为两个层次,如图 3-1 所示。

第一层次是法律、行政法规和规章,主要包括将由全国人民代表大会或全国人大常委会审议通过的《中华人民共和国航空法》(简称《航空法》),国务院颁布的行政法规、国务院民用航空主管部门——中国民用航空总局颁布的《中国民用航空规章》(Chinese Civil Aviation Regulations,CCAR);

第二层次是为执行第一层次的法律、行政法规和规章而制定的实施细则,由中国民航局适航部门——适航司发布的法规性文件体系,其中包括适航管理文件、适航管理程序和咨询通告等。

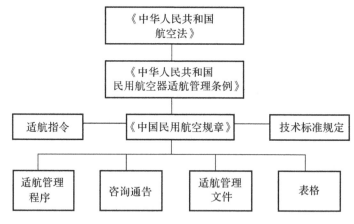

图 3-1　适航管理法规和文件体系之间的关系

1.《中华人民共和国航空法》

《中华人民共和国航空法》是从事民用航空活动的单位和个人必须遵守的根本大法,由全国人民代表大会 1995 年审议通过,并于 1996 年 3 月 1 日起施行。《中华人民共和国航空法》对民用航空器适航管理工作的内容、范围有原则的规定。

2.《中华人民共和国民用航空器适航管理条例》

由国务院在 1987 年 5 月 4 日颁布的《中华人民共和国民用航空器适航管理条例》,同年 6 月 1 日起施行。这是国家最高行政机关颁布的行政法规,对民用航空器适航管理的宗旨、性质、范围、权限、方法和处罚等做了明确规定。

《中华人民共和国民用航空器适航管理条例》共 29 条,概括了适航管理的基本要求。凡从事适航管理的工作人员,以及在中华人民共和国境内从事民用航空器(含航空发动机和螺旋桨)的设计、制造、使用和维修的单位或个人,向中华人民共和国出口民用航空器的单位或个人,以及在中华人民共和国境外维修在中华人民共和国登记的民用航空器的单位或者个人,均必须遵守该条例。

3.《中国民用航空规章》

《中国民用航空规章》是国务院民用航空主管部门——民航局制定、颁布的涉及民用航空活动的、专业性具有法律效力的管理规章,凡从事民用航空活动的任何单位或个人都必须遵守其各项规定。

《中国民用航空规章》由民航局有关业务部门负责起草,在广泛征求各方面的意见后,经局长办公会议讨论通过,由民航局局长签发《中国民用航空总局令》,颁布并实施;《中国民用航空规章》的范围很广,涉及航空器的适航管理、人员执照、机场管理、航务管理、航空营运、航空保安、搜寻/援救和事故调查等各方面。有关适航管理的规章包含管理规则和适航标准两方面的内容。附录三列出了与民用航空器适航管理工作有关的规章及发布情况。

每一份技术标准规定(Chinese Technical Standard Order,CTSO)是 CCAR 37 的一部分;"每一份适航指令(CAAC Airworthiness Directives,CAD)是 CCAR 39 的一部分,内容涉及飞行安全,是强制性措施"。如不按时完成,有关航空器将不再适航。适航指令的编号方法如图 3-2 所示。

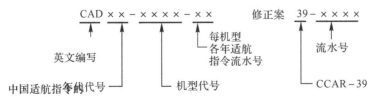

图 3-2　适航指令编号规则

例如，CAD90 - B707 - 03 修正案 39 - 0079，表示该适航指令是 1990 年颁发的 B707 飞机的第 3 份适航指令，CCAR 39 部的第 79 次修正案。

4. 适航管理程序（Airworthiness Program，AP）

适航管理程序是适航管理规章的实施细则和具体管理程序，由各级适航部门根据专业分工起草、编写，经征求公众意见后，由民航局适航司司长批准并颁布。它是各级适航部门的工作人员从事适航管理工作时应遵守的规则，也是民用航空器设计、制造、使用和维修的单位或个人应遵守的规则。

适航管理程序的封面是绿色的，其编号方法如图 3 - 3 所示。

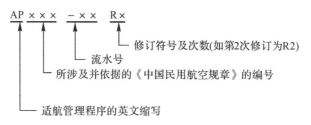

图 3 - 3　适航管理程序编号规则

5. 咨询通告（Advisory Circular，AC）

咨询通告是适航部门向公众公开的对适航管理工作的政策以及某些具有普遍性的技术问题的解释性、说明性和推荐性文件或指导性文件。对于适航管理工作中的某些具有普遍性的技术问题，也可用咨询通告的形式，向公众公布适航部门可接受的处理方法。咨询通告由各级适航部门根据分工起草、编写，由民航局适航司司长批准并颁布。

咨询通告的封面是蓝色的，其编号方法如图 3 - 4 所示。

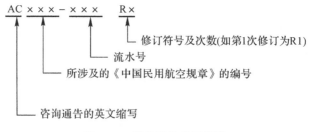

图 3 - 4　咨询通告编号规则

6. 适航管理文件（Airworthiness Management Document，AMD）

适航管理文件是各级适航部门就某一具体技术问题或工作与航空营运

人、航空产品设计、制造人以及有关部门进行工作联系时所使用的形式。某些暂行规定,适航部门也可用适航管理文件形式颁布执行。

适航管理文件的格式是统一的,其编号方法如图 3 - 5 所示。

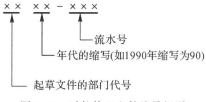

图 3 - 5　适航管理文件编号规则

第4章 民用飞机飞行控制系统适航条款分析

4.1 概　　述

型号合格审定基础是对某一民用航空器进行型号合格审定所依据的标准。型号合格审定基础包括适用的适航规章、环境保护要求及专用条件、豁免和等效安全水平结论。审定基础与型号设计、取证水平等因素密切相关，不同型号因为设计特征存在差异，因此审定基础会存在差异。这里仅给出一些比较通用的适用条款，涵盖主飞行控制、自动飞行和高升力系统。

4.2　CCAR 25.671

4.2.1　25.671 条款的由来和发展方向

4.2.1.1　25.671 条款原文

1. CCAR 25.671 R4

第25.671条　总　　则

（a）每个操纵器件和操纵系统对应其功能必须操作简便、平稳和确切。

（b）飞行操纵系统的每一元件必须在设计上采取措施，或在元件上制出明显可辨的永久性标记，使由于装配不当而导致系统功能不正常的概率减至最小。

（c）必须用分析、试验或两者兼用来表明，在正常飞行包线内发生飞行操纵系统和操纵面（包括配平、升力、阻力和感觉系统）的下列任何一种故障或卡阻后，不要特殊的驾驶技巧或体力，飞机仍能继续安全飞行和着陆。可能出现的功能不正常必须对操纵系统的工作只产生微小的影响，而且必须是驾驶员易于采取对策的：

（1）除卡阻以外的任何单个故障（例如机械元件的脱开或损坏，或作动筒、操纵阀套和阀门一类液压组件的结构损坏)。

(2)除卡阻以外未表明是极不可能的故障的任意组合(例如双重电气系统或液压系统的故障,或任何单个损坏与任一可能的液压或电气故障的组合)。

(3)在起飞、爬升、巡航、正常转弯、下降和着陆过程中正常使用的操纵位置上的任何卡阻,除非这种卡阻被表明是极不可能的或是能够缓解的。除非飞行操纵器件滑移到不利位置和随后发生卡阻不是极不可能的,否则须考虑这种滑移和卡阻。

2. FAR 25.671 Amendment 25-23

Sec. 25.671 General.

(a) Each control and control system must operate with the ease, smoothness, and positiveness appropriate to its function.

(b) Each element of each flight control system must be designed, or distinctively and permanently marked, to minimize the probability of incorrect assembly that could result in the malfunctioning of the system.

(c) The airplane must be shown by analysis, tests, or both, to be capable of continued safe flight and landing after any of the following failures or jamming in the flight control system and surfaces (including trim, lift, drag, and feel systems), within the normal flight envelope, without requiring exceptional piloting skill or strength. Probable malfunctions must have only minor effects on control system operation and must be capable of being readily counteracted by the pilot.

(1) Any single failure, excluding jamming (for example, disconnection or failure of mechanical elements, or structural failure of hydraulic components, such as actuators, control spool housing, and valves).

(2) Any combination of failures not shown to be extremely improbable, excluding jamming (for example, dual electrical or hydraulic system failures, or any single failure in combination with any probable hydraulic or electrical failure).

(3) Any jam in a control position normally encountered during takeoff, climb, cruise, normal turns, descent, and landing unless the jam is shown to be extremely improbable, or can be alleviated. A runaway of a flight control to an adverse position and jam must be accounted for if such

runaway and subsequent jamming is not extremely improbable.

(d) The airplane must be designed so that it is controllable if all engines fail. Compliance with this requirement may be shown by analysis where that method has been shown to be reliable.

3. CS 25.671 Amendment 24

CS 25.671 General

(a) Each flight control system must operate with the ease, smoothness, and positiveness appropriate to its function. In addition, the flight control system shall be designed to continue to operate, respond appropriately to commands, and must not hinder aeroplane recovery, when the aeroplane is in any attitude or experiencing any flight dynamics parameter that could occur due to operating or environmental conditions.

(b) Each element of each flight control system must be designed to minimise the probability of incorrect assembly that could result in the failure or malfunctioning of the system. Distinctive and permanent marking may be used where design means are impractical, taking into consideration the potential consequence of incorrect assembly.

(c) The aeroplane must be shown by analysis, test, or both, to be capable of continued safe flight and landing after any of the following failures or jams in the flight control system within thenormal flight envelope. In addition, it must be shown that the pilot can readily counteract the effects of any probable failure.

(1) Any single failure, excluding failures of the type defined in CS 25.671(c)(3);

(2) Any combination of failures not shown to be extremely improbable, excluding failures of the type defined in CS 25.671(c)(3); and

(3) Any failure or event that results in a jam of a flight control surface or pilot control that is fixed in position due to a physical interference. The jam must be evaluated as follows:

(I) The jam must be considered at any normally encountered position of the control surface, or pilot controls;

（Ⅱ）The jam must be assumed to occur anywhere within the normal flight envelope and during any flight phase from take-off to landing；and In the presence of a jam considered under this sub-paragraph，any additional failure conditions that could prevent continued safe flight and landing shall have a combined probability of 1/1 000 or less.

（d）The aeroplane must be designed so that，if all engines fail at any time of the flight：

（1）it is controllable in flight；

（2）an approach can be made；

（3）a flare to a landing，and a flare to a ditching can be achieved；and

（4）during the ground phase，the aeroplane can be stopped.

（e）The aeroplane must be designed to indicate to the flight crew whenever the primary control means is near the limit of control authority.

（f）If the flight control system has multiple modes of operation，appropriate flight crew alerting must be provided whenever the aeroplane enters any mode that significantly changes or degrades the normal handling or operational characteristics of the aeroplane.

4.2.1.2　25.671 条款背景和历史沿革分析

1. 25.671 条款的 FAA 相关修正案及背景说明

如表 4-1 所示，涉及 25.671 条款，FAA 于 1965 年 2 月 1 日颁布了 25-0 修正案，1970 年 5 月 8 日颁布了 25-23 修正案。

表 4-1　相关 FAA 修正案

序号	条款号	标题	修正案	生效日期	现行有效
1	25.671	General	25-0	1965.2.1	否
2	25.671	General	25-23	1970.5.8	与 CCAR 现行有效条款等效

2. 25.671 条款的 EASA 相关修正案分析及规章制定的背景总结

如表 4-2 所示，EASA 于 2003 年 10 月 17 日发布了 CS-25 initial issue 修正案，除 25.671(c)(1)外，其余与 FAR 25.671 Amendment 25-23 条款内容一致；25.671(c)(1)中 EASA 接受单点故障极不可能"(1)Any single failure not shown to be extremely improbable，…"。

EASA 于 2016 年 6 月 23 日发布了 CS-25 Amendment 18 的 25.671,仅仅增加了"See AMC 25.671",条款本身没有修改。

表 4-2　相关 EASA 修正案

序号	条款号	标题	修正案	生效日期	现行有效
1	25.671	General	CS-25 initial issue	2003.10.17	No
2	25.671	General	25-18	2016.6.23	No
3	25.671	General	25-24	2016.10	Yes

3. 各国关于 25.671 条款的规章差异分析

(1)现行有效的 25-23 修正案的 FAR 25.671 与现行有效的 Amendment 26 的 CS 25.671 有差异。现行的 CS 25.671 纳入了 ARAC 25.671 中的建议修订内容,具体如下:

1)对于 25.671(c)(3)增加了卡阻情况下,附加的妨碍持续安全飞行和着陆的失效条件的组合概率小于 1/1 000 的要求;

2)对于 25.671(c)(3)删除了"飞行操纵器件滑移到不利位置"的说法,统一按照最终卡阻考虑;

3)对于 25.671(d)所有发动机失效之后飞机必须被设计成可操纵的进行了细化,飞行中可操纵的平飘至着陆及平飘至水上迫降能被实现,并且在地面阶段,飞机能被停止;

4)要求对任何时候当主操纵方式接近控制权限极限,应给飞行机组以指示;

5)对于多模式运行的飞行控制系统,任何时候当飞机进入重大改变或恶化飞机的正常操纵或运行品质的模式,必须给飞行机组提供合适的告警。

(2)CAAR-25-R4 版 25.671 生效时对应的 FAA 为修正案 25-23 25.671,对应的 EASA 为 Amendment 11 的 CS 25.671,两者主要差异为 EASA 接受单点故障符合性时可考虑概率,FAA 则单点故障不考虑概率。EASA 的 Amendment 24 对 25.671(c)(1)进行了修订,与 FAA 保持一致。

4.2.2　CCAR 25.671 条款解析

4.2.2.1　CCAR 25.671 条款安全意图和实质要求分析

1. CCAR 25.671 条款安全意图

本条款旨在对飞行操纵系统做出规定,以确保乘员及飞行安全。

2. CCAR 25.671 条款实质要求

CCAR 25.671(a)要求对于关键作用的操纵系统应被设计成当操纵器件的一个位置的运动已经被选择时,可继续选择不同的位置而不必等初始所选择的运动完成,并且系统应到达最终所选择的位置而不必进一步注意。允许所要求选择顺序随后的运动及系统所花的时间,不应严重影响飞机的适航性。

申请人在表明符合性时应评估飞行控制系统的响应,包括闭环飞行控制系统/开环飞行控制系统及作动系统闭环、襟翼操纵系统闭环、配平系统等。同时,要求确保系统没有限制机组从任何姿态改出的设计特征或独特特点,包括飞行控制系统奇异点。整个飞行控制系统不应存在任何点的发散,系统应是稳定的;系统的操纵和其响应是一一对应的,不应存在耦合情况;系统所运行的操作系统应是顺畅而无过渡卡顿或延迟(如适用)等。

CCAR 25.671(b)的意图是确保适用于型号设计的部件被正确地装配。不正确装配的后果举例如下:不同相;操纵感觉上相反;两个系统之间产生非期望的交连或干涉;丧失功能。

在设计过程中应采取足够的预防措施,并且在维护手册中规定充分的程序以防止飞行控制系统部件的不正确的安装、连接或调整。

CCAR 25.671(c):当演示对 CCAR 25.671(c)的符合性时,研发差错(例如,设计需求差错,或实施包括硬件/软件及飞行控制系统控制律逻辑设计差错,操作系统设计差错等)应该被予以考虑。研发差错的解决,不应局限于研制保证等级,系统架构本身应具备对于灾难级/危险级故障的容错能力,这里包括操作系统(如适用)。

表明本条符合性时应注意与 CCAR 25.1309 的区别与联系。

本条的开头部分CCAR 25.671(c)要求通过分析、试验或两者结合,以表明在 CCAR 25.671(c)(1)、CCAR 25.671(c)(2)及 CCAR 25.671(c)(3)所规定飞行控制系统失效发生后在正常飞行包线内,飞机能够持续安全飞行和着陆。

CCAR 25.671(c)(1)要求评估除 CCAR 25.671(c)(3)规定的卡阻类失效外的任何单点失效,卡阻被另外单独解决在 CCAR 25.671(c)(3)。CCAR 25.671(c)(1)考虑任何单点故障,并建议在单点故障的情况下一种控制飞机的备用方式或备用载荷传递路径被提供。

CCAR 25.671(c)(2)评估除 CCAR 25.671(c)(3)外的任何未表明是极不可能故障的组合情况,卡阻失效被单独解决在 CCAR 25.671(c)(3)中。

一些失效的组合,例如双电气系统或双液压系统失效,或任何单个故障叠加任何可能的电气或液压系统失效。

CCAR 25.671(c)(3)要求应对造成卡阻的飞行操纵面或驾驶员操纵器件的任何事件或任何失效进行评估。这里包括造成卡阻源头的评估及卡阻发生后应能够保持持续安全飞行和着陆的评估。该失效模式将会导致舵面或操纵器件被固定在一个位置上。所谓固定位置指的是由于物理干涉所导致的失效发生飞行控制系统所指令的位置。这里的卡阻位置是在起飞、爬升、巡航、正常转弯机动、下降、进近及着陆阶段机组正常操纵权限所遇到的卡阻位置。注意:这里的位置包括飞行员操纵飞行控制器件所能到达系统允许的任何位置,除非在系统设计的指令中有明确的限制,否则不应假定机组不会使用该位置。正常所遇到的卡阻位置代表了飞行控制从中立位置到"允许"的最大偏转的舵面偏转范围。对于飞行控制系统内部一些组件的卡滞所导致的不同于操纵面或操纵器件的失效,则不在 CCAR 25.671(c)(3)中解决,这些故障在 CCAR 25.671(c)(1)及 CCAR 25.671(c)(2)中解决,例如为飞行控制系统提供能源的液压系统阀的卡滞或作动器阀的卡滞。所有单点的卡阻必须被考虑,即使这些单个卡阻能表明是极不可能的。

应提供卡阻的缓解措施以表明对本条款的符合性,例如系统重构或任何能够消除或减少卡阻所引起的后果以允许持续安全飞行和着陆。

如果飞行控制操纵器件的滑移是由于单点故障或不能表明是极不可能的故障组合,那么飞行控制操纵器件到最不利位置的滑移必须被计及。本条单点故障可按照 CCAR 25.671(c)(1),组合可结合 CCAR 25.671(c)(2)来考虑。

系统设计应确保具有缓解滑移的措施,且应演示其符合性,而不仅仅是失效概率。例如,系统重构,断开滑移的系统或失效部分,或者以正常的操纵感觉与反应通过操纵控制器件的运动超控滑移,或者在系统设计中本身可消除这种滑移的后果等,来确保滑移之后飞机能够持续安全飞行和着陆。考虑操纵器件滑移时,应结合具体的场景而不是仅提供一个不利位置的整体说明。当适用时,如果该滑移不是极不可能的或该滑移是单点故障,那么申请人应评估滑移之后的舵面具体位置。

另外,在评估卡阻及滑移时,临界的重量重心组合应被考虑。

CCAR 25.671(d)意图是确保在所有发动机失效的情况下,飞机是可控的,且飞机也应能进近、平飘着陆和水上迫降,并且假定飞机在有可用跑道着陆后是可控制的。

3. CCAR 25.671 条款关键点分析

本条款的关键点初步如下：

（1）CCAR 25.671（a）除了完成正常的功能性能试验，要注意电传飞行控制控制律的符合性，无论是采用传统的单回路频域法/根轨迹法设计的控制律，还是采用现代飞行控制理论设计的控制律。

（2）对于 CCAR 25.671（b）要注意哪些没有采取设计措施而是采用永久性标记的设计可能引起的潜在后果。

（3）CCAR 25.671（c）要注意除了安全性分析外，应进行必要的强度计算和试验、实验室试验、飞行试验等。

（4）CCAR 25.671（d）考虑发动机失效时是飞行中的任何点，直至着陆停止。

4.2.2.2　CCAR 25.671 条款专用术语

1. 飞行控制系统

从飞行员的操纵器件到主操纵舵面的主飞行控制，从飞行员的配平输入设备到配平舵面（例如，安定面配平），从飞行员的操纵手柄到减速板或其他设备或系统（例如，破升增租设备、阻力设备、辅助滚转等），从飞行员操纵到高升力舵面的高升力系统、人感系统及增稳系统；支持系统（例如，液压系统、电源系统、航电系统等）也应被包括在内，这些系统的失效将对飞行控制系统的功能产生影响。

2. 舵面控制丧失

舵面控制丧失是一种舵面不能响应指令的失效。

3. 振荡失效

振荡失效是一种导致舵面过渡振荡的失效。

4.2.3　25.671 条款的符合性验证方法

4.2.3.1　25.671 条款的国内外符合性方法分析

1. FAR 25.671 的 FAA - AC 相关分析

如表 4 - 3 所述：

（1）AC 25 - 7。该咨询通告为运输类飞机的飞行试验评价提供指导。这些指南为演示适用的规章提供了一种指导，是在性能和飞行品质领域的第8110.8 命令的升级，涵盖了第 25 部分 B 分部——飞行。

（2）AC 25-7A。自从 AC 25-7 于 1986 年 4 月 9 日发布以来，它一直是飞行试验方法和程序的主要指导来源，用以表明对第 25 部分 B 部分的规章符合性，该部分与飞机性能和操纵特性有关。为了证明飞机符合第 25 部分的其他规章，第 8110.8 号命令《运输类飞机的工程飞行试验指南》提供用于 FAA 内部使用以确定可接受的符合性方法的指南。1974 年 9 月 26 日修订的第 8110.8 号命令，为了反映重大的政策变化，进行了五项"更改"升级；最后的变化是删除了与 b 部分相关的材料，这些材料是与初始发布的 AC 25-7 保持同步。第 8110.8 号命令反映了 25 部的 25～29 号修正案通过时的政策，而最初发布的 AC 25-7 则反映了 25～59 号修正案的时间框架。自上次修订两份参考文件以来，25 部已做了重大修改，同样，随着经验的积累，许多领域的指导方针和政策也发生了变化。在此期间，许多技术的进步也需要新的或修改的试验技术。本修订版更新了原始文件，纳入适用于 25 部所有章节的最新政策和指导材料。与 B 部分以外的法规相关的材料取代了第 8110.8 号命令中所包含的内容，该命令已在本 AC 发出时被相应取消。

表 4-3　FAR 25.671 相关咨询通告

咨询通告编号	中英文标题	生效日期	是否有效
AC 25-7	运输类飞机飞行试验指导 *Flight Test Guide For Certification Of Transport Category Airplanes*	1986 年 4 月 9 日	否
AC 25-7A	运输类飞机飞行试验指导 *Flight Test Guide For Certification Of Transport Category Airplanes*	1998 年 3 月 31 日	否
AC 25-7A Change1	运输类飞机飞行试验指导 *Flight Test Guide For Certification Of Transport Category Airplanes*	1999 年 6 月 3 日	否
AC 25-7B	运输类飞机飞行试验指导 *Flight Test Guide For Certification Of Transport Category Airplanes*	2011 年 3 月 29 日	否
AC 25-7B Change1	运输类飞机飞行试验指导 *Flight Test Guide For Certification Of Transport Category Airplanes*	2011 年 12 月 7 日	否
AC 25-7C	运输类飞机飞行试验指导 *Flight Test Guide For Certification Of Transport Category Airplanes*	2012 年 10 月 16 日	否
AC 25-7D	运输类飞机飞行试验指导 *Flight Test Guide For Certification Of Transport Category Airplanes*	2018 年 5 月 4 日	是

续　表

咨询通告编号	中英文标题	生效日期	是否有效
AC 25 - 16	电气故障和防火和保护 *Electrical Fault and Fire Prevention and Protection*	1987 年 9 月 25 日	是
AC 25 - 21	运输类飞机结构取证 *Certification of Transport Airplane Structure Obsolete；Out of date with incorrect regulatory and advisory circular references.*	1999 年 9 月 1 日	否
AC 25 - 22	运输类飞机机械系统取证 *Certification Of Transport Airplane Mechanical Systems*	2000 年 3 月 14 日	是
AC 25.629 - 1	运输类飞机的气弹稳定性验证 *Flutter Substantiation of Transport Category Airplanes*	1985 年 1 月 4 日	否
AC 25.629 - 1A	运输类飞机的气弹稳定性验证 *Aeroelastic Stability Substantiation of Transport Category Airplanes*	1998 年 7 月 23 日	否
AC 25.629 - 1B	运输类飞机的气弹稳定性验证 *Aeroelastic Stability Substantiation of Transport Category Airplanes*	1998 年 7 月 23 日	否
AC 25.672 - 1	主动飞行控制 *Active flight control*	1983 年 11 月 15 日	否
AC 25.1329 - 1A	自动驾驶系统批准 *Automatic Pilot Systems Approval*	1968 年 7 月 8 日	否
AC 25.1329 - 1B	飞行导引系统批准 *Approval of Flight Guidance Systems*	2012 年 10 月 16 日	否
AC 25.1329 - 1C	飞行导引系统批准 *Approval of Flight Guidance Systems*	2016 年 5 月 24 日	是

修订 AC 25 - 7A 对原始的 AC 进行了更新,以包括适用于 25 部的政策和指南材料,不仅仅是 B 部分。这些材料与 B 部分之外的规章相关,取代原先被包含在第 8110.8 命令"运输类飞机工程飞行试验指南"的内容;当 AC 25 - 7A 颁发时,第 8110.8 命令被撤销。

(3)AC 25 - 7A Change 1。更改主要涉及:①修正案 25 - 92 所采纳的湿跑道和磨损的刹车要求的符合性方法的新指南,"决定中止起飞和降落性能的改进标准"。②当飞机有多个复飞构型时,关于布置挡位判据的附加指南,以符合修订案 25-98 所采纳的挡位设计要求,"按高升力设备操纵器件的挡位要求修订"。

对 Change 1 到 AC 25-7A 而言增加了对于规章更改的可接受符合性方法,这些更改与 25-92 和 25-98 修正案有关。

(4)AC 25-7B。此次修订,AC 25-7B 增加了与 25 部 108、109 和 115 修正案相关的规章更改的可接受的符合性方法,并修订指南以用于比飞行试验所进行的机场更高的高高度机场的扩展起飞和着陆数据。与结冰条件下飞行相关的包含在 AC 25-7A 中的"结冰条件下性能和操纵品质,2014 年 10 月 27 日"符合性方法被予以移除。

(5)AC 25-7B Change 1。主要更改:①修改了关于受几何形状限制的飞机 VMU(最小离地速度)试验可接受的符合性方法的指南,以表明对 FAR 25.107(e)(1)(Ⅳ)的符合性。②修订了关于表明对 FAR 25.177 横向和航向的稳定性要求的符合性的可接受符合性方法指南。③关于 FAR 25.253(a)(4)滚转能力要求的可接受的符合性方法的新指南。④关于表明对 FAR 25.253(a)(5)减速板打开要求符合性的可接受的符合性方法的新指南。

此处修订增加了与 25-135 修正案相关的规章更改可接受符合性方法。

(6)AC 25-7C。一个完整的修订版,旨在减少与 EASA 飞行试验指南的差异,为第 25 部分的 107、109、113、115、119 和 123 修正案相关的规章变更提供可接受的符合性方法,以回应 FAA 和国家运输安全委员会的安全建议,并提供一个全面的更新,以反映当前的 FAA,行业实践和政策。

(7)本次修订(AC 25-7D)澄清了 23.2.4 段,发动机重启能力——FAR 25.903;增加了 34.4 段、电路保护装置——FAR 25.1357,并修订了 AC 的附录 B、功能和可靠性试验。这个 AC 已经被重新编排格式,使用新的段落编号以提高使用性。

(8)AC 25-16 电气故障和防火和保护引用 FAR 25.671 条款,主要指的是电气故障和防火时应考虑 25.671 条款要求。

(9)AC 25-21 运输类飞机结构取证咨询通过简单地阐述了 FAR 25.671 符合性时的措施,并指向了相关的 AC。

(10)AC 25-22 运输类飞机机械系统取证,简单提及 FAR 25.671,具体符合性方法指向了 ARAC 报告。

(11)AC 25.629-1 运输类飞机的气弹稳定性验证,提供了可接受的符合性方法,用于表明对于25.629的符合性,解决设计要求以防止颤振的气弹不稳定、发散和操纵反效,该文档内容在FAA网站当前不是可获取的。

(12)AC 25.629 - 1A运输类飞机的气弹稳定性验证,颤振和其他气弹不稳定现象对于飞机研发和影响民用飞机设计适航判据有重大影响,该AC提供了可接受的符合性方法,用于表明对于25.629的符合性,解决设计要求以防止颤振的气弹不稳定,发散和操纵反效;涉及气弹稳定包线,表明符合性的构型和条件,详细设计要求及通过分析、试验,或一些组合的方法表明符合性。

(13)AC 25.629 - 1B运输类飞机的气弹稳定性验证引用FAR 25.671条款,主要指的是气弹稳定性验证时应考虑FAR 25.671条款要求。与AC 25.629 - 1A相比,B版仅仅增加了"在过冷大水滴,混合段,以及冰结晶体的结冰条件下的飞机和发动机取证要求"。

(14)已取消AC 25.1329 - 1A,该AC于1968年7月8日发布,主要针对的是自动驾驶。

(15)已取消AC 25.1329 - 1B,该AC于2012年10月16日发布,主要针对25.1329条款的修订,纳入了飞行指引功能和自动推力,以及与稳定增强和配平功能的相互影响。

(16)现行有效的AC 25.1329 - 1C对原先FAR 25.1329 - 1B做了微小的改动,这些改动与飞机和发动机过冷大水滴,混合段及冰晶结冰条件的最终规章颁发有关。增加了对于FAR 25.1420过冷大水滴结冰条件的参考;去掉过冷大水滴作为结冰正常条件,而将其纳入罕见的正常条件。对于FAR 25.671而言,主要指的是飞行导引系统验证时应考虑FAR 25.671条款要求。

2. 25.671的FAA和EASA差异分析

FAA目前没有正式的AC 25.671,其符合性方法分散在其他相关AC中。

EASA有AMC 25.671、AMC 25.671提供了CS 25.671明确的符合性指南。

4.2.3.2 CCAR 25.671的符合性验证工作流及具体要求

具体符合性流程和要求如下:

(1)设计说明(Means of Compliance 1,MC1):首先给出具体的系统架构、系统功能描述、系统基本逻辑等的说明描述,来表明满足条款要求。

（2）分析计算（MC2）：分为系统外部稳定性和内部稳定性，分别给出系统稳定性分析计算。

（3）试验（MC5、MC6）：通过相应的试验表明满足由规章衍生到实际设计中的具体需求指标，包括系统功能性能。

（4）机上检查（MC7）：通过登机进行实物检查。

对于 CCAR 25.671(a)符合性方法如下：

（1）设计描述（MC1）：提供操纵系统所涉及的图纸和操作手册，说明每个操纵器件和操纵系统的功能操作是简便、平稳和确切的。

（2）机上检查（MC7）：可以登机执行操作手册，验证是否简便、平稳和确切。

对于 CCAR 25.671(b)符合性方法如下：

（1）设计描述（MC1）：给出操纵系统所涉及的装配部分的说明及图纸。

（2）机上检查（MC7）：通过检查确认实施了规章的具体要求。

对于 CCAR 25.671(c)符合性方法如下：

（1）设计说明部分：给出具体的系统架构、系统功能描述、系统需求、系统控制律等的说明描述。

（2）系统失效的确认和验证。

（3）系统的单点故障及其影响。

（4）系统的冗余/备份设计措施。

（5）系统卡阻的位置及发生时的条件。

对于 CCAR 25.671(d)符合性方法如下：

（1）系统设计描述。

（2）分析或试验，或两者组合表明对本条的符合性。

4.2.3.3 CCAR 25.671 的符合性验证资料

建议的符合性验证资料如下：

（1）MC1 主飞行控制专业：主飞行控制系统驾驶舱操纵、飞行控制电子、作动系统工作原理、系统架构、安装位置等的系统说明/描述报告。

（2）MC1 高升力专业：高升力系统驾驶舱操纵器件、高升力电子、襟缝翼作动系统工作原理、系统架构、安装位置等的系统说明/描述报告。

（3）MC1 自动飞行控制系统专业：自动飞行控制系统工作原理、系统架构、安装位置等的系统说明/描述报告。

（4）MC3 主飞行控制、高升力、自动飞行控制系统专业安全性分析报告。

（5）MC2 主飞行控制、高升力、自动飞行控制系统专业相关的载荷计算报告（含正常和故障）。

（6）MC2：飞行控制系统性能分析报告（对于指令完整性的符合性说明，作为对电传飞行控制的补充）。

（7）MC1 涉及液压、电气专业的供压、供电余度等用于飞行控制的设计说明。

（8）MC4 铁鸟试验：涉及主飞行控制、高升力、自动飞行、液压、电气等专业与飞行控制相关的试验及试验报告。

（9）MC5 地面试验：涉及主飞行控制、高升力、自动飞行、液压、电气等专业与飞行控制相关的试验及试验报告。

（10）MC6 飞行试验：涉及主飞行控制、高升力、自动飞行、液压、电气等专业与飞行控制相关的试验及试验报告。

（11）MC7 地面检查：涉及主飞行控制、高升力、自动飞行、液压、电气等专业与飞行控制相关的地面检查及检查报告。

（12）MC8 模拟器试验：涉及主飞行控制、高升力、自动飞行、液压、电气等专业与飞行控制相关的模拟器试验及模拟器试验报告；模拟器成熟度分析报告，针对不同的试验项目给出。

（13）MC9 设备验证试验及试验报告。

4.2.4　CCAR 25.671 的审定技术要点

4.2.4.1　CCAR 25.671 的审定要点

1. CCAR 25.671 审定要点

本条主要关注以下要点：

(a)CCAR 25.671 条款的适用范围

CCAR 25.671 适用于所有飞行控制系统，与所实施的技术无关，例如人工、带动力驱动、电传或其他方式。

(b)CCAR 25.671(a)审查技术点

(1)应注意电传操纵系统(Flight By Wire,FBW)应具备与传统机械操纵的同等安全性要求。

(2)应注意 FBW 的控制律设计对本条的符合性。

（3）演示闭环/开环飞行控制系统的符合性,包括作动系统闭环。

（4）无奇异点。

（5）不能限制驾驶员从任何姿态改出飞机的能力。

（6）对于带有飞行控制包线保护的飞机,表明符合性时所考虑的飞机姿态应包括包线保护之外的姿态。

（7）下列动态参数应予以考虑:俯仰、滚转及偏航速率,载荷因子,空速,迎角。

（8）运行及环境条件:本条（7）的参数应被考虑在限制性的飞行包线内,该限制包线与飞机设计限制或飞行控制系统保护限制相一致。

（c）CCAR 25.671（b）审查技术点

设计中防止不正确装配的具体措施,同时手册中应包含足够的能够最小化生产及维护期间飞行控制操纵系统器件不正确装配风险的程序,这些装配包括安装、连接或调节。具体内容如下:

（1）对于飞行控制操纵系统器件可能的不正确装配的潜在后果应进行评估,并给出相关失效条件的严苛等级。

（2）对于因不正确装配可能导致灾难、危险及重大后果的,通常情况下为防止不正确的装配,仅采用物理预防措施是可接受的方法,不能仅使用标识来防止不正确的装配;如果有例外情况,申请人考虑提供物理预防措施是不实际的,那么应进行评估并补充额外的预防措施,以增加对该情况的关注度,例如增大检查频次。

（3）对于影响后果评估为微小或无不安全后果的,无物理预防措施要求,申请人根据情况选择合适的措施即可。

可能造成重大影响的例子,包括但不仅限于:操纵系统不同相;操纵系统在操纵感觉上与正常情况相反;不同系统之间出现交连,而这种交连是不期望的;丧失功能。

（d）CCAR 25.671（c）审查技术点

CCAR 25.671（c）（1）:

（1）单点故障[不含卡阻,卡阻在 CCAR 25.671（c）（3）中解决],单点故障不考虑概率,单点故障发生后飞机必须具备持续安全飞行和着陆的能力,同时无须特殊的驾驶技巧和体能。

（2）单点故障不仅仅是设备的单点故障（这里设备指的是硬件/软件）,还包括因需求差错导致的单点错误,这在符合性表明时通常需要备用控制飞机的措施;因此本条符合性判断时,主要是从飞行控制系统架构层面判断。当然,也应满足安全性的要求。

CCAR 25.671(c)(2):

(1)本条要求的是"为表明是极不可能的"任何故障的失效。

(2)一些失效的组合,例如双电气系统或双液压系统或单点故障组合任何可能的电气或液压系统失效,通常无法表明是极不可能的。

(3)本条表明符合性,则需要注意本条的意图与 CCAR 25.1309 的区别及侧重点;两者均是从不同维度确保飞机的安全性。

(4)除了安全性分析外,应执行以下额外步骤:单点故障发生后,识别出任何额外妨碍持续安全飞行和着陆的失效状态且满足要求;计及隐蔽故障;系统冗余架构应合理分布。

CCAR 25.671(c)(3):

(1)主要指的是操纵舵面或操纵器件的卡阻。

(2)所适用的系统:三轴操纵器件及其对应的舵面的卡阻、次级操纵系统的卡阻、配平系统的卡阻、安定面的卡阻(如适用)、襟翼操纵系统及其舵面的卡阻等。

(3)卡阻位置的确定及其验证的条件。

(4)验证卡阻时,最严苛的重量、重心组合。

(e)CCAR 25.671(d):

(1)所有发动机失效情况下,进近和平飘到着陆及水上迫降是可能的,因此在低高度、低速时也应具备可操纵能力且当合适的跑道有效时,飞机是可控的并能被停止。

(2)合适的跑道是硬质干跑道且跑道距离对于飞机的减速能力是合适的。

(3)对于双发失效飞机具备可操纵性,主要要看双发失效之后可提供给飞行控制系统的备用能源具体设计措施,例如,气动发电机、风车发动机、电池,或其他的动力源,这些需能够提供足够的控制飞机的必要动力。

(4)需要明确一个概念,尽管规章所指的平飘到着陆意味着飞机是在一个跑道上,但是也应承认当所有发动机都不工作时,有可能无法到达一个合适的跑道或着陆表面,在这种情况下,本条款要求飞机必须能够做平飘到着陆/水上迫降的姿态,即低空低速时仍能完成正常着陆/水上迫降所需姿态。

2. 相关审定技术指导材料(Certification Technical Note,CTN)

针对 CCAR 25.671,CAAC 尚未发布相关 CTN。

3. 审查重点判据

建议的重点判据如下:

(1)1/1 000 判据包括单个失效＋1/1 000 和卡阻＋1/1 000(参考 CS 25.671)。

(2)无奇异点分析。

(3)单点故障,与概率无关。

(4)组合故障,分为能够表明是极不可能的和未经表明是极不可能的。

(5)涵盖的范围包括飞行控制、液压、电气等。

(6)涵盖的范围包括主飞行控制、高升力、自动飞行。

(7)判据中也应包括与飞行控制有关的强度分析。

4. 审查经验及对照依据

建议的审查经验及对照依据如下:

(1)当前 25 部运输类飞行控制系统主要以电传飞行控制为主,因此在采用 CCAR 25.671 条款时,建议增加等效安全。

(2)对于 AC 25.671 建议稿,目前 FAA 和 EASA 在实践型号审查中借鉴了大部分其建议的内容,通常以专用条件/等效安全形式出现,因此建议在电传飞行控制取证中也采用该惯例形式。备注:EASA 当前已正式形成规章。

(3)对于电传飞行控制单独通过当前的 CCAR 25.671 条款已经无法取得与传统机械操纵同等安全水平,因此,参考国内外惯例建议增加舵面位置感知、模式通告、指令完整性等专用条件。

(4)注意:表明条款符合性时,还需考虑与本条有关的强度试验和强度计算。

(5)本条款表明符合性时,要注意所涉及的液压、电气等专业。

(6)本条款表明符合性要考虑主飞行控制、高升力以及自动飞行控制系统。

4.2.4.2　25.671 的特殊审定政策

1. FAA 政策

FAA 涉及 25.671 的政策如下:

PS-ANM100-1981-00022:Separation of Control Systems(操纵系统分离),

于1981年11月23日发布,要求关键飞行控制系统的分离和隔离,以防止未经表明是极不可能的失效所带来对这些系统而言的外部损伤,包括结构失效等。

PS-ANM100-1984-00053:Requirement for Fail-Safe Wing Flap Design(失效-安全的襟翼设计要求),于1984年5月15日发布,对于失效-安全襟翼设计提供了指导,该指导与损伤容限判据有关。

PS-ANM100-1995-00020:Policy regarding flight control jams for "normally encountered positions" CCAR 25.671(c)(3)(涉及正常遇到位置的飞行操纵卡阻的政策),于1995年5月3日发布,对于卡阻位置的确立给了指导意见。

PS-ANM100-1999-00107:Flutter Substantiation for Fin Tip Modifications for Transport Airplanes(对于运输类飞机鳍形尖部的更改颤振验证),于1999年7月1日发布,伴随着越来越多依赖卫星通信,有一种趋势更改运输类飞机,增加天线到垂直安定面上,这些更改可能涉及质量的增加和气动的更改,并可能对颤振裕度产生严重的影响。该政策提供了这方面的指导意见。

PS-ANM100-2001-00109:Ram Air Turbine (RAT)Approval(冲压涡轮的批准),于2001年1月2日发布,该政策与25.671(d)有关,致力于澄清FAA涉及冲压涡轮的安装的取证政策。

PS-ANM-25-11:Guidance for Hazard Classifications of Failure Conditions that Lead to Runway Excursions(导致跑道偏离的失效状态的危险类别指南),于2013年11月13日发布,该政策提供了对于建立导致起飞或着陆器件跑道偏离的飞机系统失效状态的危险分类的指南,涉及CCAR 25.671条款。

PS-ANM-25-12:Certification of Structural Elements in Flight Control Systems(飞行控制系统里结构元件的取证),于2015年3月13日发布,该政策对于飞行控制系统里的结构元件取证提供了指南,CCAR 25.671,CCAR 25.571和CCAR 25.1309条款适用于飞行控制系统中的结构元件。

2. FAA 指令

关于25.671 FAA无相关指令。

4.2.5 25.671 的条款特殊处理分析

1. 等效安全要点分析说明

FAA、EASA针对25.671条款的等效安全,共涉及54条,归结如下:

FAA、EASA针对FBW系统采用ARAC报告表明对CCAR 25.671(c)符合性时,制定了对应等效安全。ELOS主要包括两个方面:一方面,认可部分采用 ARAC 报告建议的符合性方面表明对本条的符合性;另一方面,补充部分,在等效安全给出了明确说明。

CAAC:公开网站暂未查到。

2. 豁免处理的分析说明

FAA 涉及 25.671 条款的豁免共 4 条,归结如下:

第 1 条:在飞行试验期间并通过分析,B787 - 9 演示了对于 CCAR 25.671(d) 的符合性。然而,在一次非取证的飞行试验期间,由于发动机控制器内的一个失效电容,冲压涡轮的发动机控制单元未能产生电力。对设计评审发现,该电容没有波音标准所建议的电压降额。波音认为这种情况不符合 25.671(d) 和 25.1301(a)(1),因为冲压空气涡轮发电机控制单元没有按照足够的可靠性设计。不充足的降额后果可能导致早期阶段电容失效。该豁免将允许波音交付所有的 B787 - 9,并订购部件和安装符合的构型。

第 2 条:达索公司针对 Falcon 900LX 飞机设计液压系统失效要求 [25.671(c)(2)]和涉及翼尖安装的颤振防护申请了豁免。25.671(c)(2)要求飞机能够持续安全飞行和着陆,在双液压系统失效或任何单个故障组合一个可能的液压失效。FAA 根据达索的分析和服役历史发布了该豁免。

第 3 条:针对 B717 - 200 涉及 25.671(c)(1)的襟翼系统发布了该豁免,25.671(c)(1)要求襟翼系统应是失效-安全的,这是一个有限时间内的豁免,时间为 3 年。

第 4 条:针对达索公司 Falcon 50 系列飞机发布了涉及 25.671(c)(2)的豁免,该豁免与机翼/副翼颤振有关。

4.3　CCAR 25.672

4.3.1　25.672 条款的由来和发展方向

4.3.1.1　25.672 条款原文

1. CCAR 25.672 R4

第 25.672 条　增稳系统及自动和带动力的操纵系统

如果增稳系统或其他自动或带动力的操纵系统的功能对于表明满足

本部的飞行特性要求是必要的,那么这些系统必须符合第 25.671 条和下列规定:

(a)在增稳系统或任何其他自动或带动力的操纵系统中,对于如驾驶员未察觉会导致不安全结果的任何故障,必须设置警告系统,该系统应在预期的飞行条件下无须驾驶员注意即可向驾驶员发出清晰可辨的警告。警告系统不得直接驱动操纵系统。

(b)增稳系统或任何其他自动或带动力的操纵系统的设计,必须使驾驶员对第 25.671(c)条中规定的各种故障可以采取初步对策而无须特殊的驾驶技巧或体力,采取的对策可以是切断该系统或出故障的一部分系统,也可以是以正常方式移动飞行操纵器件来超越故障。

(c)必须表明,在增稳系统或任何其他自动或带动力的操纵系统发生任何单个故障后,符合下列规定:

(1)当故障或功能不正常发生在批准的使用限制内且对于该故障类型是临界的任何速度或高度上时,飞机仍能安全操纵;

(2)在飞机飞行手册中规定的实际使用的飞行包线(例如速度、高度、法向加速度和飞机形态)内,仍能满足本部所规定的操纵性和机动性要求;

(3)飞机的配平、稳定性以及失速特性不会降低到继续安全飞行和着陆所必需的水平以下。

2. FAR 25.672 Amendment 25－23

25.672 Stability augmentation and automatic and power-operated systems

If the functioning of stability augmentation or other automatic or power-operated systems is necessary to show compliance with the flight characteristics requirements of this part，such systems must comply with Sec. 25.671 and the following:

(a) A warning which is clearly distinguishable to the pilot under expected flight conditions without requiring his attention must be provided for any failure in the stability augmentation system or in any other automatic or power-operated system which could result in an unsafe condition if the pilot were not aware of the failure. Warning systems must not activate the control systems.

(b) The design of the stability augmentation system or of any other automatic or power-operated system must permit initial counteraction of failures of the type specified in Sec. 25. 671（c）without requiring exceptional pilot skill or strength，by either the deactivation of the system，or a failed portion thereof，or by overriding the failure by movement of the flight controls in the normal sense.

（c）It must be shown that after any single failure of the stability augmentation system or any other automatic or power-operated system：

（1）The airplane is safely controllable when the failure or malfunction occurs at any speed or altitude within the approved operating limitations that is critical for the type of failure being considered；

（2）The controllability and maneuverability requirements of this part are met within a practical operational flight envelope（for example，speed，altitude，normal acceleration，and airplane configurations）which is described in the Airplane Flight Manual；and

（3）The trim，stability，and stall characteristics are not impaired below a level needed to permit continued safe flight and landing.

3. CS 25. 672 Amendment 24

CS – 25. 672 Stability augmentation and automatic and poweroperated systems

If the functioning of stability augmentation or other automatic or power-operated systems is necessary to show compliance with the flight characteristics requirements of this CS-25，such systems must comply with CS 25. 671 and the following：

（a）A warning，which is clearly distinguishable to the pilot under expected flight conditions without requiring his attention，must be provided for any failure in the stability augmentation system or in any other automatic or power-operated system，which could result in an unsafe condition if the pilot were not aware of the failure. Warning systems must not activate the control systems.

（b）The design of the stability augmentation system or of any other automatic or power-operated system must permit initial counteraction of failures of the type specified in CS 25. 671（c）without requiring exceptional pilot skill or strength，by either the deactivation of the system，or a failed portion thereof，or by overriding the failure by movement of the flight controls in the normal sense.

（c）It must be shown that after any single failure of the stability augmentation system or any other automatic or power-operated system：

（1）The aeroplane is safely controllable when the failure or malfunction occurs at any speed or altitude within the approved operating limitations that is critical for the type of failure being considered.

（2）The controllability and manoeuvrability requirements of this CS–25 are met within a practical operational flight envelope（for example，speed，altitude，normal acceleration，and aeroplane configurations）which is described in the Aeroplane Flight Manual；and

（3）The trim，stability，and stall characteristics are not impaired below a level needed to permit continued safe flight and landing.

4.3.1.2　25.672 条款背景和历史沿革分析

1. FAA 相关修正案及背景说明

如表 4–4 所示，涉及 CCAR 25.672 条款，FAA 于 1970 年 5 月 8 日发布了 25–23 修正案，在 FAR25 部中新增了 CCAR 25.672 条款，此后无修订。

表 4–4　相关 FAA 修正案

序号	条款号	标题	修正案	生效日期	现行有效
1	25.672	*Stability augmentation and automatic and power-operated systems*	25–23	1970 年 5 月 8 日	与 CCAR 现行 有效条款等效

2. EASA 相关修正案分析及规章制定的背景总结

相关 EASA 修正案如表 4–5 所示。

表 4–5　相关 EASA 修正案

序号	条款号	标题	修正案	生效日期	现行有效
1	25.672	*Stability augmentation and automatic and power-operated systems*	CS–25 initial issue	2003 年 10 月 17 日	否

续 表

序号	条款号	标题	修正案	生效日期	现行有效
2	25.672	*Stability augmentation and automatic and power-operated systems*	25－18	2016 年 6 月 23 日	否
3	25.672	*Stability augmentation and automatic and power-operated systems*	25－24	2021 年 10 月	与 CCAR 现行有效条款等效

(1)EASA 于 2003 年 10 月 17 日发布了 CS－25 initial issue,对于 CS 25.672 直接采用 FAR 25.672 Amendment 25－23 条款内容。

(2)EASA 于 2016 年 6 月 23 日发布了 CS－25 Amendment 18 的 CS 25.672,仅仅增加了"See AMC 25.672",条款本身没有修改。

(3)EASA 于 2021 年 10 月发布了 CS－25 Amendment 24 的 CS 25.672,删除了"See AMC 25.672",根据 NPA 2014－02,AMC25.672AMC 25.672(c)(1)被建议删除,因为已经被 CS 25.1309 和相关的 AMC 所完全覆盖。表明对于 CS25.672 的符合性的系统也必须表明对于 CS25.1309 的符合性。

3. 规章差异分析

(1)现行有效的修正案号 25－23 的 FAR 25.672 与现行有效的 CS initial issue 的 CS 25.672 无差异。

(2)现行 CCAR 25－R4 中 CCAR 25.672 生效时的 25－23 修正案的 FAR 25.672 与 CS initial issue 的 CS 25.672 也无差异。

4.3.2 CCAR 25.672 条款解析

1. CCAR 25.672 条款安全意图

本条款旨在对增稳系统及自动和带动力的操纵系统做出规定,以确保乘员及飞行安全,涉及主动飞行控制,例如载荷减缓系统、稳定增强系统、颤振抑制系统等。尽管自动飞行控制系统为 CCAR 25.1329 所主要覆盖,但该条款也涵盖了对自动飞行控制系统的需求。

2. 条款实质要求

25.672(a)要求在增稳系统及自动或带动力的操纵系统中,对于如驾驶员未察觉会导致不安全结果的任何故障,必须设置警告系统。警告系统应在预期的飞行条件下无须驾驶员注意,即可向驾驶员提供及时的、使人察觉的、清晰的警告信号。警告信息应具有完整性,警告系统应具有可靠性,并且警告系统不得直接驱动操纵系统。

25.672(b)要求增稳系统及自动和带动力的操纵系统对 25.671(c)规定的各种故障,驾驶员可以采取初步对策而无须特殊的驾驶技巧或体力。对 25.671(c)规定的各种故障采取的对策可以是切断该系统或出故障的一部分系统,也可以是以正常方式移动飞行操纵器件来超越故障。断开或操控系统时,不得造成明显不稳定的机动动作,也不得对随后的性能产生明显的影响。通常认为“无须特殊的驾驶技巧或体力”的含义是:按照相关标准选拔、培训并取得民航管理当局认可的飞行执照的飞行员,能够按照经批准的飞机正常操作程序或应急程序对飞机进行操作,不需要额外针对相关驾驶技术和处理方法进行培训,也不需要驾驶员付出额外,甚至难以接受的体力以完成操作。

25.672(c)要求增稳系统及自动和带动力的操纵系统发生单个故障后,仍然满足 CCAR 25 所规定的操纵性或机动性的要求。其中:25.672(c)(1)中的“批准的使用限制”是机组操作手册(Flight Crew Operating Manual, FCOM)中的“限制”,该部分内容包括飞机的使用高度、机动限制载荷系数、空速和环境使用包线等内容;“对于该故障类型是临界的任何速度或高度”是指飞机如果在某一速度或高度发生某一类型的故障,就会存在危害;如果在这一速度或高度之下,就不存在危害或是危害很小,那么这个速度或是高度对故障而言就是“临界的”。25.672(c)(2)中的“实际使用的飞行包线”仅指非正常程序规定的包线。25.672(c)(3)中的“必需的水平”就是保证飞机继续安全飞行和着陆需要的最低标准。针对 25.672(c)可以通过系统冗余设计来从设计上满足该要求,也可以通过对飞行手册中规定的实际适用包线进行限制来满足该要求。

3. 条款关键点分析

(1)该要求确保增稳和带动力的操纵系统的完整性和可用性,并进一步确保服役中任何经历的失效由机组可控且不妨碍持续安全飞行和着陆;也包括一个系统失效之后转换到一个限制性的飞行包线的考虑。

(2)飞行品质要求的严酷度应以一种循环渐进的方式与发生的概率相关,以至于可能的发生概率不大于微小的影响,不可能的发生概率不大于重大的影响。

(3)该条款的适用范围,例如,载荷减缓系统、稳定增强系统和颤振抑制系统等。

(4)增稳及自动和带动力的操纵系统的单点故障清单及其处置措施的验证。

（5）导致不安全后果的任何故障发生时，对机组的警告。

4.3.3 25.672 符合性验证方法

4.3.3.1 25.672 的国内外符合性方法分析

1. FAA AC 相关分析

FAR 25.672 相关咨询通告如表 4-6 所示。

表 4-6　FAR 25.672 相关咨询通告

咨询通告编号	中英文标题	生效日期	是否有效
AC 25-11	运输类飞机电子显示系统 *Transport Category Airplane Electronic Display Systems*	1987 年 7 月 16 日	否
AC 25-11A	电子飞行显示 *Electronic Flight Displays*	2007 年 6 月 21 日	否
AC 25-11B	电子飞行显示 *Electronic Flight Displays*	2014 年 10 月 7 日	是
AC 25-16	电气故障和防火和保护 *Electrical Fault and Fire Prevention and Protection*	1987 年 9 月 25 日	是
AC 25-21	运输类飞机结构取证 *Certification of Transport Airplane Structure Obsolete: Out of date with incorrect regulatory and advisory circular references.*	1999 年 9 月 1 日	否
AC 25-22	运输类飞机机械系统取证 *Certification Of Transport Airplane Mechanical Systems*	2000 年 3 月 14 日	是
AC 25.629-1	运输类飞机的气弹稳定性验证 *Flutter Substantiation of Transport Category Airplanes*	1985 年 1 月 4 日	否
AC 25.629-1A	运输类飞机的气弹稳定性验证 *Aeroelastic Stability Substantiation of Transport Category Airplanes*	1998 年 7 月 23 日	否

续 表

咨询通告编号	中英文标题	生效日期	是否有效
AC 25.629 - 1B	运输类飞机的气弹稳定性验证 *Aeroelastic Stability Substantiation of Transport Category Airplanes*	2014 年 10 月 27 日	是
AC 25.672 - 1	主动飞行控制 *Active flight control*	1983 年 11 月 15 日	否
AC 25.1329 - 1A	自动驾驶系统批准 *Automatic Pilot Systems Approval*	1968 年 7 月 8 日	否
AC 25.1329 - 1B	飞行导引系统批准 *Approval of Flight Guidance Systems*	2012 年 10 月 16 日	否
AC 25.1329 - 1C	飞行导引系统批准 *Approval of Flight Guidance Systems*	2016.5.24	是

（1）AC 25 - 11 提供了用运输类飞机导引、控制，或机组决策的基于阴极射线管的电子显示系统取证指南。

（2）AC 25 - 11A：电子显示器为设计和认证过程带来独特的机遇和挑战。在许多情况下，表明与最新的驾驶舱显示系统能力相关的规章要求的符合性，已经得到申请人和 FAA 的大量解释。在第一个电子显示器被开发出来的时候，它们直接取代了传统的机电元件。AC 25 - 11 的首次发布为阴极射线管（Cathode-Ray Tube，CRT）电子显示系统的批准建立了指导，该系统用于运输类飞机机组人员的导引、控制或机组决策。这一最初的指导适用于阴极射线管，但需要额外的指导来更新 AC 25 - 11 以解决新技术。

（3）AC 25 - 11B 电子飞行显示引用 25.672，主要指的是电子飞行显示取证时应考虑 25.672 条款要求。

（4）AC 25 - 16 电气故障和防火和保护引用 25.672，主要指的是电气故障和防火时应考虑 25.672 要求。

（5）AC 25 - 21 运输类飞机结构取证咨询通过简单地阐述了 25.672 符合性时的措施，并指向了相关的 AC。

（6）AC 25 - 22 运输类飞机机械系统取证，简单提及 25.672，具体符合性方法指向了 AC 25.672 - 1。

（7）AC 25 - 629 - 1 运输类飞机的气弹稳定性验证，提供了可接受的符合性方法,用于表明对于 25.629 的符合性,解决设计要求以防止颤振的气弹不稳定,发散和操纵反效。该文档内容在 FAA 网站当前不是可获取的。

(8)AC 25.629 - 1A 运输类飞机的气弹稳定性验证,颤振和其他气弹不稳定现象对于飞机研发和影响民用飞机设计适航判据有重大影响。该 AC 提供了可接受的符合性方法,用于表明对于 25.629 的符合性,解决设计要求以防止颤振的气弹不稳定,发散和操纵反效;涉及气弹稳定包线,表明符合性的构型和条件,详细设计要求及通过分析、试验,或一些组合的方法表明符合性。

(9)AC 25.629 - 1B 运输类飞机的气弹稳定性验证引用 25.672,主要指的是气弹稳定性验证时应考虑 25.672 要求。

(10)AC 25.1329 - 1A 已被撤销,该 AC 于 1968 年 7 月 8 日发布,主要针对的是自动驾驶。

(11)AC 25.1329 - 1B 已被撤销,该 AC 于 2012 年 10 月 16 日发布,主要针对 25.1329 的修订,纳入了飞行指引功能和自动推力,以及与稳定增强和配平功能的相互影响。

(12)现行有效的 AC 25.1329 - 1C 对原先 25.1329 - 1B 做了微小的改动,这些改动与飞机和发动机过冷大水滴,混合段及冰晶结冰条件的最终规章颁发有关。

AC 25 - 672 - 1 已被核销,该 AC 于 1983 年 11 月 15 日发布,提供了与主动飞行控制相关的符合性方法,适用于载荷减缓系统、稳定增强系统和颤振抑制系统。

2. FAA 和 EASA 差异分析

无差异。

4.3.3.2 CCAR 25.672 符合性验证工作流及具体要求

具体验证工作流和验证对象如下:

(1)确定哪些属于增稳系统(包括控制增稳)、自动和带动力的操作系统,以划定本条款的符合性表明范围。

(2)进入电传飞行控制以来该条款符合性表明时很多可与 CCAR 25.671 合并进行。

(3)开展各系统设计说明进行符合性表明。

(4)进行实验室、地面及飞行试验表明符合性。

具体符合性要求如下：

针对 CCAR 25.672(a)，采用的符合性验证方法包括 MC1、MC3、MC4 和 MC6，各项验证要求如下：

(1)MC1：通过系统设计描述说明稳系统及其自动和带动力的操纵系统对驾驶员未觉察会导致不安全结果的故障(包括维护功能可能出现的故障)，设置告警信息清单，这些告警信息通过航电专业综合显示系统向驾驶员提供告警信息，并表明稳系统及其自动和带动力的操纵系统的告警信息不会驱动操纵系统。

(2)MC3：通过稳系统及其自动和带动力的操纵系统安全性评估确认告警信息的完备性。

(3)MC4：通过振荡故障检测试验、瞬态故障检测试验、空速信号故障试验、襟缝翼系统非对称试验等故障模拟试验验证当发生故障时都能触发对应的告警信息，可以使机组人员根据告警信息和简图页了解飞机相应舵面的故障状态，并按照机组操作手册相应的程序对飞机进行操纵。

(4)MC6：通过故障试飞等试飞科目验证稳系统及其自动和带动力的操纵系统发生故障时都能在发动机指示与机组告警系统(Engine Indication And Crew Alerting System，EICAS)上显示预期的告警信息，且告警系统没有直接驱动操纵系统。

针对 CCAR 25.672(b)采用的符合性验证方法包括 MC1、MC3、MC4、MC6 和 MC8，各项验证工作具体如下：

(1)MC1：通过系统设计描述表明操稳系统及其自动和带动力的操纵系统配置上的冗余设计特征，说明当发生 CCAR 25.671(c)中规定的各种故障时，驾驶员可以采取切断该系统或出故障的一部分系统，也可以是以正常方式移动飞行操纵器件来超越故障等初步对策，而没有采用特殊的驾驶技巧或体力。

(2)MC3：通过稳系统及其自动和带动力的操纵系统安全性分析，给出 25.671(c)规定的稳系统及其自动和带动力的操纵系统故障清单，作为故障模拟试验、故障模拟飞行试验等的输入。

(3)MC4：通过故障试验，验证稳系统及其自动和带动力的操纵系统的冗余特性，以表明当发生 CCAR 25.671(c)中的故障时，驾驶员能够采取初步对策，不需要采用特殊的驾驶技巧和体力。

（4）MC6：通过稳系统及其自动和带动力的操纵系统部分Ⅱ类及Ⅱ类以下的故障状态下的验证试飞，表明在这些故障状态下，驾驶员未采用特殊驾驶技巧或体力进行操作，飞机仍能继续安全飞行和着陆。

（5）MC8：对于影响等级为Ⅱ、Ⅲ、Ⅳ的故障模拟试验项目，通过这些故障模拟器试验验证当出现 CCAR 25.671(c) 的故障时驾驶员未采用特殊的驾驶技巧或体力，可操纵飞机继续安全飞行和着陆。

针对 CCAR 25.672(c)，采用的符合性验证方法包括 MC1、MC3、MC4、MC6 和 MC8，各项验证工作具体如下：

（1）MC1、MC3：根据故障模式及影响分析，以系统功能受影响情况为主线，归纳总结出单故障清单，这些内容用于支持 CCAR 25.672(c) 中故障选取及后续符合性验证。

（2）MC4：通过稳系统及其自动和带动力的操纵系统的单个故障模拟试验，验证各项故障状态都会触发对应的 EICAS 告警信息，依据 EICAS 和简图页信息，机组人员了解飞机相应舵面的故障状态，驾驶员可按照机组操作手册相应的程序对飞机进行操纵。

（3）MC6：根据稳系统及其自动和带动力的操纵系统提供的单故障清单，实施故障状态下操纵品质评定试飞，以验证在所有的单故障状态下都能满足 CCAR 25.672(c) 要求，也可采用飞机操纵品质评定等级是否满足经民航地区管理局认可的判定标准来说明。

（4）MC8：根据稳系统及其自动和带动力的操纵系统提供的单故障清单，完成飞行控制系统故障下操纵品质评定相关科目试验，以验证故障状态下都能满足 CCAR 25.672(c) 要求，是否满足该款要求也可以通过飞机操纵品质评定等级是否满足操纵品质评定方法（Handling Qualities Rating Method，HQRM）评定准则来进行判定。

4.3.3.3　CCAR 25.672 符合性验证资料

符合性验证资料建议如下：

（1）增稳系统及其自动和带动力的操纵系统的描述/规范；

（2）与增稳系统及其自动和带动力的操纵系统有关的安全性分析报告；

（3）地面故障试验大纲及其试验报告；

（4）故障试飞试验大纲及其试验报告。

4.3.4　CCAR 25.672 审定技术要点

4.3.4.1　CCAR 25.672 审定要点

1. 审定要点

本条主要关注以下要点：

(1)对于 CCAR 25.672(a)，主飞行控制、襟缝翼和自动飞行控制系统应通过安全性评估表明告警信息的完备性，并通过实验室试验和试飞的结果，表明在故障状态下主飞行控制、襟缝翼和自动飞行控制系统能正确地发出告警信息。

(2)对于 CCAR 25.672(b)，应确保当发生 CCAR 25.671(c)中规定的各种故障时，系统设置有应对发生故障的措施：切断系统或出故障的一部分系统、以正常方式移动飞行操纵器件；并通过安全性评估给出 CCAR 25.671(c)规定的故障清单，对于需要通过试验确认和验证的，则通过实验室试验、试飞试验和故障模拟器试验表明在以上故障状态下，驾驶员可以采取初步对策，未采用特殊的驾驶技巧或体力。

(3)对于 CCAR 25.672(c)，应通过系统故障模拟及影响分析归纳总结出单故障清单，并完成以上单故障时的验证试飞和模拟器试验，结果表明单故障状态下飞机操纵品质评定等级满足经民航地区管理局认可的评定准则。

2. 相关 CTN

针对 CCAR 25.672，CAAC 尚未发布相关 CTN。

3. 审查重点判据

仅供参考建议的重点判据如下，这些判据建议可结合结构与系统相互影响专用条件考虑(如适用)：

(1)对于载荷减缓系统而言：

1)当运行时需满足所有适用的 25 部规章。

2)当因飞行中失效发生而不运行时，设计载荷、稳定和控制特征以及机组的"咨询"应与可运行的载荷减缓系统可靠性相关。建立的概率分析应假定申请人推荐的维修方法：

(a)对于丧失功能的概率大于每飞行小时 10^{-5} 的系统，所有 25 部适用的规章对于该不运行的系统而言应被满足。

(b)对于丧失功能每飞行小时小于或等于 10^{-5} 的系统，当由于飞行中失

效而导致系统不运行时,下列必须被表明:

(Ⅰ)结构应具备维持这样的载荷,该载荷是在载荷减缓系统因失效而不运行的情况下计算得出的,并被视作极限载荷;

(Ⅱ)飞机应能维持 2/3 的极限载荷,并且带有 CCAR 25.571(b)所决定结构损伤或与飞机的取证基础保持一致;

(Ⅲ)在未经表明是极不可能的失效的任何组合情况下,应通过分析或试验表明免于上至载荷设计速度(VD/MD)的颤振和发散[CCAR 25.629(d)(4)];

(Ⅳ)飞机应演示配平稳定性,操纵和失速特性并不被损害至允许持续安全飞行和着陆所需的水平以下[CCAR 25.672(c)];

(c)如果更多系统被要求以实现要求的可靠性,任何系统的合适功能的丧失应被以一种方式通告,目的在飞行前提供飞行机组系统状态的感知。载荷减缓系统功能的完全丧失应被通告给机组,且 CAAC 批准的飞机飞行手册应包含这样的程序,以计及完全的丧失[CCAR 25.1309(b)(2)和(c)]。这些程序包括飞行限制。

(d)当系统被显示为极不可能时,无须考虑系统功能的丧失。

(e)妨碍持续安全飞行和着陆的失效条件必须不能源于任何单点故障,这种情况不考虑系统可靠性(概率)。

3)飞机应具备持续安全飞行和着陆的能力,在上至 VC/MC 速度的任何未经表明极不可能的系统失效之后。由于快速满偏而造成的速度增加必须被考虑。未经表明极不可能的任何系统快速满偏或振荡功能异常的载荷应被认为是限制载荷,并且必须乘以 1.5 倍安全系数,以获得极限载荷;除了任何可能的失效条件应不会产生对飞机重心的负载荷系数之外。

4)如果其他自动系统被接通,载荷减缓系统可能被断开;这种情况应满足所有适用的 25 部条款和这里的判据。

5)重大的载荷减缓系统的非线性的影响,包括速率和位移饱和,应在建立限制载荷时被予以计及。也应表明,在限制载荷和极限载荷(1.5 倍限制载荷)之间,载荷减缓系统里的非线性,包括气弹效应,所产生的载荷增量不会小于因载荷减缓的限制载荷下所产生的载荷增量。

6)对于载荷减缓系统的改进按照,结构必须根据 CCAR 25.571 的损伤容限条件进行评估,该条件与飞机的审定基础一致。

7)如果提供适当的重量、飞行或其他限制,和飞行手册程序,这些以确保替代构型对型号取证基础的符合性,可以为飞机的替代构型给予合格审定,包括带有完全不工作的载荷减缓系统的那些构型。

(2)对于颤振抑制系统而言：

1)当颤振抑制系统(Flutter Suppression System,FSS)运行时,所有适用的 CCAR 25 要求应被满足,包括上至 1.2VD/MD 速度的免于颤振和免于发散飞行的设计。

2)当 FSS 因飞行中失效发生而不运行时,颤振裕度、稳定和控制特征以及机组的"咨询"应与可运行的 FSS 可靠性相关。建立的概率分析应假定申请人推荐的维修方法：

(a)对于丧失功能的概率大于每飞行小时 10^{-5} 的系统,所有 25 部适用的规章对于该不运行的系统而言应被满足,包括上至 1.2VD/MD 的无颤振和发散。

(b)对于丧失功能每飞行小时小于或等于 10^{-5} 的系统,当由于飞行中失效而导致系统不运行时,下列必须被表明：

(Ⅰ)飞机必须演示可接受的稳定性和操纵特性；

(Ⅱ)飞机应通过分析或试验表明在上至 VD/MD 免于颤振和发散。

(3)如果更多系统被要求以实现要求的可靠性,任何系统的合适功能的丧失应被以一种方式通告,目的在飞行前提供飞行机组系统状态的感知。FSS 的完全丧失应被通告给机组,且 CAAC 批准的飞机飞行手册应包含这样的程序,以计及完全的丧失[CCAR 25.1309(b)(2)和(c)]。这些程序包括飞行限制。

(c)当系统被显示为极不可能时,无须考虑系统功能的丧失。

(d)妨碍持续安全飞行和着陆的失效条件必须不能源于任何单点故障,这种情况不考虑系统可靠性(概率)。

(e)应通过分析或试验表明：在 FSS 失效或功能异常,连同严重影响颤振或发散的任何失效,功能异常,或不利条件(这些与 FSS 的失效、功能异常或恶化的性能的组合概率未经表明是极不可能的)发生之后,飞机在上至 VD/MD 的速度免于妨碍安全飞机的颤振或发散。

(f)飞机应具备持续安全飞行和着陆的能力,对于未经表明极不可能的失效而言,在上至 VC/MC 速度的系统快速满偏或振荡异常之后。由于快速满偏而造成的速度增加必须被考虑。未经表明极不可能的任何系统快速满偏或振荡功能异常的载荷应被认为是限制载荷,并且必须乘以 1.5 倍安全系数,以获得极限载荷；除了任何可能的失效条件应不会产生对飞机重心的负载荷系数之外。

(g)重大的气弹非线性效应和 FSS 非线性的影响,包括速率和位移饱和,应在建立飞机气弹稳定时被予以计及。应通过分析或试验表明对于上至1.2VD/MD 的所有飞行速度而言,在飞机经受设计机动载荷因子情况下,具备颤振稳定性。也应通过分析或试验表明对于上至 VD/MD 的所有飞行速度而言,在飞机经受设计阵风强度和上至 1.2VD/MD 情况下且随着空速增加进一步减小的阵风强度下,具备颤振稳定性。

(h)如果提供适当的重量、飞行或其他限制,和飞行手册程序,这些以确保替代构型对型号取证基础的符合性,可以为飞机的替代构型给予合格审定,包括被带有载荷减缓系统被选择为完全不运行的那些构型。

4. 审查经验及对照依据

仅举例说明,具体型号表明符合性时应按照该型号的具体设计开展:

(1)主飞行控制系统、襟缝翼控制系统、自动飞行控制系统对驾驶员未觉察会导致不安全结果的故障(包括维护功能可能出现的故障)设置的告警信息清单,且告警信息不会驱动操纵系统;

(2)主飞行控制、自动飞行、高升力系统安全性评估,以给出故障清单,作为故障模拟试验、故障飞行试验等的输入(涉及增稳系统及自动和带动力的操纵系统),以开展对于 CCAR 25.672(b)(c)的验证;

(3)主飞行控制、高升力、自动飞行系统地面试验,通过故障模拟试验验证增稳系统及自动和带动力的操纵系统发生故障时都能触发对应的告警信息,可以使机组人员根据告警信息和简图页了解相应舵面的故障状态,并按照机组操作手册相应的程序对飞机进行操纵,并通过故障模拟试验验证飞行控制系统的冗余特性,以表明当发生 CCAR 25.672 中的故障后,飞行员能够采取初步对策,不需要采用特殊的驾驶技巧和体力;

(4)故障试飞:通过 CCAR 25.672 规定的单故障状态下操纵品质评定试飞,以验证在所有的单故障状态都能满足 CCAR 25.672(c)要求,即满足故障情况下对应的经 CAAC 认可的判定标准,例如通过操纵品质评定系统(Handling Quality Rating System,HQRS)的方法由试飞员给出操纵品质评定方法(Handling Qualities Rating Method,HQRM)评定等级。

4.3.4.2 25.672 特殊审定政策

1. FAA Policy

PS-ANM111-1999-99-2:Guidance for Reviewing Certification Plans to

Address Human Factors for Certification of Transport Airplane Flight Decks(运输类飞机驾驶舱取证人为因素审定计划评审指南)。该审定政策同样提供了人为因素审定计划推荐的内容,间接涉及 25.672 的符合性。

PS-ANM100-01-03A:Factors to Consider when Reviewing an Applicant's Proposed Human Factors Methods of Compliance for Flight Deck Certification(对于驾驶舱取证而言,评审申请人建议的人为因素符合性方法时应考虑的因素)。该审定政策主要解决驾驶舱人为因素方面的符合性,间接涉及 25.672 条款的符合性。

2. FAA 指令

关于 25.672 FAA 无相关指令。

4.4　CCAR 25.701

4.4.1　25.701 条款的由来和发展方向

4.4.1.1　25.701 条款原文

1. CCAR 25.701 R4

(a)飞机对称面两边的襟翼或缝翼的运动,必须通过机械交连或经批准的等效手段保持同步,除非当一边襟翼或缝翼收上而另一边襟翼或缝翼放下时,飞机具有安全的飞行特性。

(b)如果采用襟翼或缝翼交连或等效手段,那么其设计必须计及适用的不对称载荷,包括对称面一边的发动机不工作而其余发动机为起飞功率(推力)时飞行所产生的不对称载荷。

(c)对于襟翼或缝翼不受滑流作用的飞机,有关结构必须按一边襟翼或缝翼承受规定对称情况下出现的最严重载荷,而另一边襟翼或缝翼承受不大于该载荷的 80% 进行设计。

(d)交连机构必须按对称面一边受交连的襟翼或缝翼卡住不动而另一边襟翼或缝翼可自由运动,并施加活动面作动系统全部动力所产生的载荷进行设计。

2. FAR 25.701 Amendment 25 – 72

25.701　Flap and slat interconnection

(a)Unless the airplane has safe flight characteristics with the flaps or slats retracted on one side and extended on the other，the motion of flaps or slats on opposite sides of the plane of symmetry must be synchronized by a mechanical interconnection or approved equivalent means.

（b）If a wing flap or slat interconnection or equivalent means is used，it must be designed to account for the applicable unsymmetrical loads，including those resulting from flight with the engines on one side of the plane of symmetry inoperative and the remaining engines at takeoff power.

（c）For airplanes with flaps or slats that are not subjected to slipstream conditions，the structure must be designed for the loads imposed when the wing flaps or slats on one side are carrying the most severe load occurring in the prescribed symmetrical conditions and those on the other side are carrying not more than 80 percent of that load.

（d）The interconnection must be designed for the loads resulting when interconnected flap or slat surfaces on one side of the plane of symmetry are jammed and immovable while the surfaces on the other side are free to move and the full power of the surface actuating system is applied.］

3. CS 25. 672 Amendment 18

25. 701　Flap and slat interconnection Initial Issue

（a）Unless the aeroplane has safe flight characteristics with the flaps or slats retracted on one side and extended on the other，the motion of flaps or slats on opposite sides of the plane of symmetry must be synchronized by a mechanical interconnection or approved equivalent means.

（b）If a wing-flap or slat interconnection or equivalent means is used，it must be designed to account for the applicable unsymmetrical loads，including those resulting from flight with the engines on one side of the plane of symmetry inoperative and the remaining engines at take-off power.

（c）For aeroplanes with flaps or slats that are not subjected to slipstream conditions，the structure must be designed for the loads imposed when the wing-flaps or slats on one side are carrying the most severe load occurring in the prescribed symmetrical conditions and those on the other side are carrying not more than 80% of that load.

(d)The interconnection must be designed for the loads resulting when interconnected flap or slat surfaces on one side of the plane of symmetry are jammed and immovable while the surfaces on the other side are free to move and the full power of the surface actuating system is applied.

4.4.1.2　25.701 条款背景和历史沿革分析

1. FAA 相关修正案及背景说明

如表 4-7 所示,涉及 25.701 条款,FAR 于 1965 年 2 月 1 日发布了 25-0 修正案,1970 年 5 月 8 日发布了 25-23 修正案,1990 年 8 月 20 日发布了 25-72 修正案。

表 4-7　相关 FAA 修正案

序号	条款号	标题	修正案	生效日期	现行有效
1	25.701	*Flap interconnection*	25-0	1964 年 11 月 3 日	否
2	25.701	*Flap interconnection*	25-23	1970 年 5 月 8 日	否
3	25.701	*Flap and slat interconnection*	25-72	1990 年 8 月 20 日	与 CCAR 现行有效条款等效

2. EASA 相关修正案分析及规章制定的背景总结

如表 4-8 所示,EASA 于 2003 年 10 月 17 日发布了 CS-25 initial issue,初版的 CS 25.701 直接采用 FAR 25.701 Amendment 25-72 条款内容。

表 4-8　相关 EASA 修正案

序号	条款号	标题	修正案	生效日期	现行有效
1	25.701	*Flap interconnection*	CS-25 initial issue	2003 年 10 月 17 日	否
2	25.701	*Flap interconnection*	25-18	2016 年 6 月 23 日	是

EASA 于 2016 年 6 月 23 日发布了 CS-25 Amendment 18 的 CS 25.701,仅仅增加了"See AMC 25.701",条款本身没有修改。

3. 规章差异分析

(1)现行有效的 25-87 修正案的 FAR 25.701 与现行有效的 Amendment 18 的 CS 25.701 内容相同。

(2)CCAR 25-R4 25.701 生效时所对应 25-72 修正案的 FAR 25.701

与 CS initial issue 的 CS 25.701 内容相同。

4.4.2　CCAR 25.701 条款解析

4.4.2.1　CCAR 25.701 条款安全意图和实质要求分析

1. 条款安全意图

本条款主要针对左右襟翼和缝翼的机械交连机构载荷设计情况而规定的,或者不使用机械交连但也能确保飞行安全。

2. 条款实质要求

CCAR 25.701(a)中"经批准的"指经适航民航地区管理局批准的。CCAR 25.701(c)中的"有关结构"应包括对作动器动力源到卡阻点的驱动输出进行反作用的所有组部件,这类组部件可能包括结构、交连连杆和驱动系统的组部件。

CCAR 25.701 要求主要包括以下方面:飞机需安装襟缝翼交连系统保持两侧襟缝翼的同步运动,除非当不同步时,飞机可安全飞行。

如果采用襟缝翼交连方式,其设计必须考虑所有适用的不对称载荷。

对于襟翼或缝翼不受滑流作用的飞机,有关结构必须按照一边承受最严重载荷,另一边不大于该载荷的 80% 进行设计。

操纵面交连必须按对称面一侧的操纵面卡住不动而另一侧操纵面可自由运动,并受到操纵面作动系统的全部动力所产生的载荷进行设计。

3. 条款关键点分析

(1)CCAR 25.701 要求采用机械交连或经批准的等效手段保持左右襟缝翼的同步性,除非飞机具有襟缝翼对非对称展开时仍具有安全飞行的能力,同时本条款还对于交连系统的设计载荷条件进行了规定。

1)操纵面交连必须按对称面一侧的操纵面卡住不动而另一侧操纵面可自由运动,并受到操纵面作动系统的全部动力所产生的载荷进行设计,CCAR 25.345 确定的作用于操纵面的飞行载荷必须与该作动系统的载荷组合考虑。这是一种限制载荷情况。

2)在表明对于 CCAR 25.701 交连要求的符合性时,应当考虑驱动和支撑系统的所有可能的卡阻位置,操纵面的机械交连必须能承受上述卡阻情况并预防不安全的非对称情况。交连系统包括对自作动器动力源到卡阻点的驱动输出进行反作用的所有组部件,这类组部件可能包括结构,交连连杆和驱动系统的组部件。当交连是预防不安全的非对称情况的唯一手段时,与卡阻情况相关的载荷被视认为限制载荷,需要乘以 1.5 的安全系数。除机械交连外,同时还采用了独立可靠的(失效概率为 10^{-3} 或以下)方法来防止高升力系统的不安全非对称情况时,可以采用小于 1.5 的安全系数。该备用系统应当在任何卡阻情况产生的载荷受到机械交连的反作用之前就检测到卡阻并关闭驱动系统。如果该备用系统的失效概率低到 10^{-5} 或者更小时,那么其安全系数就可以低至 1.25,但是不能低于 1.25,除非经确认该备份系统等效于机械交连。使用力矩限制器时,应当采用力矩容许限制值作为规定载荷的反作用力,而不要用名义力矩或设定力矩。力矩限制器在驱动系统中的位置不应当使得其本身在卡阻发生时允许有不对称形态。

3)采用安全性分析是验证机械交连系统符合要求的一个等效方法,AC 25.1309-1A 系统设计分析,提供了关于实施系统安全性分析的指导。

(2)对于驱动系统中的失效会导致襟翼或缝翼非指令收放的情况,应当提供可靠手段限制有关操纵面的运动。可以用不可逆作动器,无返回装置,驱动系统冗余方法或其他等效手段来实现这一点。

(3)确定襟翼或缝翼在作动时的载荷时,有必要考虑在服役中可合理预期发生的作动系统摩擦载荷。比如,襟翼滑轨和滚子经常会遭受结冰和融雪,就会使襟翼运动产生很高的阻力。应当对每项设计进行评定以确认其对机械摩擦的敏感度,而任何与这类阻力相关的载荷都应当被计及并与正常操纵载荷相组合。

(4)在评定襟翼或缝翼的失效或卡阻影响时,应当评定倾斜的操纵面对相邻操纵面工作的影响,还应当评定由于操纵面的倾斜对相邻结构和系统所造成的损伤。

4.4.2.2 25.701 专用术语

机械交连:连接左右襟翼/缝翼的机械部件。

4.4.3 25.701 符合性验证方法

4.4.3.1 25.701 国内外符合性方法分析

1. FAA AC 相关分析

FAA 与此相关的 AC 如表 4-9 所示。

表 4 - 9　FAR 25.1435 相关咨询通告

咨询通告编号	中英文标题	生效日期	是否有效
AC 25 - 7	运输类飞机飞行试验指导 *Flight Test Guide For Certification Of Transport Category Airplanes*	1986 年 4 月 9 日	否
AC 25 - 7A	运输类飞机飞行试验指导 *Flight Test Guide For Certification Of Transport Category Airplanes*	1998 年 3 月 31 日	否
AC 25 - 7A Change 1	运输类飞机飞行试验指导 *Flight Test Guide For Certification Of Transport Category Airplanes*	1999 年 6 月 3 日	否
AC 25 - 7B	运输类飞机飞行试验指导 *Flight Test Guide For Certification Of Transport Category Airplanes*	2011 年 3 月 29 日	否
AC 25 - 7B Change 1	运输类飞机飞行试验指导 *Flight Test Guide For Certification Of Transport Category Airplanes*	2011 年 12 月 7 日	否
AC 25 - 7C	运输类飞机飞行试验指导 *Flight Test Guide For Certification Of Transport Category Airplanes*	2012 年 10 月 16 日	否
AC 25 - 7D	运输类飞机飞行试验指导 *Flight Test Guide For Certification Of Transport Category Airplanes*	2018 年 5 月 4 日	是
AC 25 - 21	运输类飞结构取证 *Certification of Transport Airplane Structure Obsolete：Out of date with incorrect regulatory and advisory circular references*	1999 年 9 月 1 日	否
AC 25 - 22	运输类飞机机械系统取证 *Certification Of Transport Airplane Mechanical Systems*	2000 年 3 月 14 日	是

2. FAA 和 EASA 差异分析

EASA 的可接受的符合性方法（Acceptable Means of Compliance，AMC）直接引用 FAA 的 AC，因此不存在任何差异。

4.4.3.2　CCAR 25.701 符合性验证资料

针对 CCAR 25.701(b)(c)(d)验证工作流如下：

（1）对飞机飞行过程中可能出现的非对称情况下襟缝翼气动载荷进行分析计算，包括发动机一边不工作而其余发动机为起飞功率时载荷、一边襟翼或缝翼结构承受最严重载荷，一边承受不大于 80% 载荷、一边卡阻，一边可自由活动时载荷，将此载荷作为设计载荷进行考虑。

（2）对襟缝翼操纵系统及其支撑结构[包括作动器支架、襟翼舱、机翼固定前缘、动力驱动装置（Power Drive Unit，PDU）安装支架等结构]的强度进行计算，表明襟缝翼交连机构及其支撑结构能够承受上述载荷。

具体符合性要求如下：

针对第 25.701(a)款，采用的符合性验证方法包括 MC1、MC3 和 MC4，各项验证具体工作流程如下：

（1）MC1：通过高升力系统描述说明飞机采用了机械交连或其他经批准的方式保证对称面两侧的襟缝翼同步运动。若未采用则需要开展系统安全性分析。

（2）MC3：安全性分析可以用于采用机械交连的等效手段的符合性表明。

（3）MC4：通过在铁鸟试验台上进行襟缝翼正常功能试验，验证高升力系统所采用的机械交连方式或其他等效方式能保证对称面两边的襟翼和缝翼同步运动。

（4）MC6：对于既未通过机械交连也没有采用机械交连等效手段的，应通过飞行试验表明一边襟翼或缝翼收上而另一边襟翼或缝翼放下时，飞机具有安全的飞行特性。

4.4.4　CCAR 25.701 审定技术要点

1. 审定要点

审定要点如下：

（1）对襟翼操纵系统而言，CCAR 25.345 确定的作用于操纵面的飞行载荷必须与该条款要求的作动系统的载荷组合考虑。

（2）襟翼操纵系统设计时应考虑推力不对称、滑流影响及一侧卡阻另一侧自由运动的载荷情况。

（3）应考虑襟翼或缝翼交连采用何种设计方案，机械交连或经批准的等效手段，或者不是机械交连，以及不同方案对应不同的规章要求。

（4）如果不是机械交连，需要用安全性分析以及相关飞行试验表明对飞行安全无影响，包括对飞机的影响和对机组操纵的影响。

2. 相关 CTN

针对 CCAR 25.701，CAAC 尚未发布相关 CTN。

3. 审查重点判据

建议的重点判据如下：

（1）用于保持同步性的机械交连或等效手段。

（2）载荷设计的考虑工况。

（3）应按照 1.5 倍限制载荷，除非带有备份措施且不低于 1.25 倍的安全系数。

（4）性能试验和部件验证试验应满足功能性能要求判据。

4. 审查经验及对照依据

仅举例说明，具体型号表明符合性时应按照该型号的具体设计开展。

（1）系统描述：系统描述飞机襟翼系统包括 4 块襟翼，每侧机翼上有一块内襟翼和一块外襟翼。内襟翼由 1 个滑轨滑轮架和 1 个支臂组件支撑。

外襟翼由 2 个支臂组件支撑。滚珠丝杠作动器提供作动力驱动每一个支臂组件/滑轮架运动。所有沿机翼后缘分布的襟翼作动器通过扭力管与 PDU 相连，PDU 将旋转输出力矩传给襟翼作动器，使每个作动器输入轴通过传动线系将力矩沿着机翼向下面的作动器传动。由此保证襟翼系统同步运动。

缝翼系统类似于襟翼系统。缝翼系统包括 6 块缝翼，每侧机翼上有 3 块缝翼。每块缝翼由 2 个旋转作动器分别带动相应的滑轨运动，使得缝翼操纵面运动。

所有沿机翼前缘分布的缝翼作动器通过扭力管与 PDU 相连，PDU 将旋转输出力矩传给缝翼作动器，使每个作动器输入轴通过传动线系将力矩沿着机翼向下面的作动器传动。由此保证缝翼系统同步运动。

（2）符合性说明：对于 CCAR 25.701 的符合性通过计算说明来表明。

（1）对飞机飞行过程中可能出现的非对称情况下襟缝翼气动载荷进行分析计算，包括发动机一边不工作而其余发动机为起飞功率时载荷、一边襟翼或缝翼结构承受最严重载荷,一边承受不大于 80% 载荷、一边卡阻、一边可自由活动时载荷,将此载荷作为设计载荷进行考虑。

(2)对襟缝翼操纵系统及其支撑结构(包括作动器支架、襟翼舱、机翼固定前缘、PDU 安装支架等结构)的强度进行计算,表明襟缝翼交连机构及其支撑结构能够承受上述载荷。

通过高升力系统功能性能试验和部件验证试验,表明满足 CCAR 25.701 要求。

4.5　CCAR 25.1329

4.5.1　25.1329 条款的由来和发展方向

4.5.1.1　25.1329 条款原文

1. CCAR 25.1329 R4

(a)必须给每个驾驶员提供具有快速切断自动驾驶仪和自动推力功能的操纵器件。自动驾驶仪快速切断操纵器件必须装在两个操纵盘(或其等效装置)上。自动推力快速切断操纵器件必须装在推力操纵杆上。当驾驶员在操作操纵盘(或其等效装置)和推力操纵杆时,必须易于接近快速断开操纵器件。

(b)对驾驶员人工断开自动驾驶仪或自动推力功能的系统,其失效影响必须按照 25.1309 条的要求进行评估。

(c)飞行导引系统、模式、传感器的衔接或转换导致的飞机航迹瞬变,都不得大于本条(n)(1)中规定的微小瞬变。

(d)在正常条件下,飞行导引系统的任何自动控制功能的切断导致的飞机航迹瞬变,都不得大于微小瞬变。

(e)在罕见的正常和不正常条件下,飞行导引系统的任何自动控制功能的切断导致的瞬变都不得大于本条(n)(2)中规定的重大瞬变。

(f)如有必要,为了防止不适当使用或混淆,每一个指令基准控制器件的功能和运动方向,如航向选择或垂直速度,必须清楚地标示在每一控制器件上或其附近。

(g)在适于使用飞行导引系统的任何飞行条件下,飞行导引系统不会对飞机产生危险的载荷,也不会产生危险的飞行航迹偏离。这一要求适用于无故障运行和故障情况,前提是假设驾驶员在一段合理的时间内开始采取纠正措施。

（h）当使用飞行导引系统时,必须提供措施以避免超出正常飞行包线速度范围可接受的裕度。如果飞机飞行速度偏移超出这个范围,必须提供措施防止飞行导引系统导引或控制导致不安全的速度。

（i）飞行导引系统的功能、操纵器件、指示和警告必须被设计成使飞行机组对于飞行导引系统的工作和特性产生的错误和混淆最小。必须提供措施指示当前的工作模式,包括任何预位模式、转换和复原。选择器电门的位置不能作为一种可接受的指示方式。操纵器件和指示必须合理和统一地进行分类组合和排列。在任何预期的照明条件下,指示都必须能够被每个驾驶员看见。

（j）自动驾驶仪断开后,必须及时地给每一驾驶员提供与驾驶舱其他警告截然不同的警告(视觉和听觉的)。

（k）自动推力功能断开后,必须给每一驾驶员提供戒备指示。

（l）当飞行机组对飞行操纵器件施加超控力时,自动驾驶仪不得产生潜在的危险。

（m）在自动推力工作期间,飞行机组不必用过大的力气就能移动推力杆。在飞行机组对推力杆施加超控力时,自动推力不得产生潜在的危险。

（n）对于本条,瞬变指对控制或飞行航迹的一种干扰,这种干扰对飞行机组输入的响应或环境条件不一致。

（1）微小瞬变不会严重减小安全裕度,且飞行机组的行为能力还很好。微小瞬变会导致轻微增加飞行机组的工作负担或对旅客和客舱机组带来某些身体的不适。

（2）重大瞬变会引起安全裕度严重减小、飞行机组工作负担增加、飞行机组不适,或旅客和客舱机组身体伤害,可能还包括非致命的受伤。为了保持或恢复到正常飞行包线内,严重瞬变不允许:

（Ⅰ）特殊的驾驶技巧,机敏或体力;

（Ⅱ）超过 25.143(d)要求的驾驶员力量;

（Ⅲ）会对有保护或无保护的乘员产生进一步危害的飞机的加速度或姿态。

2. FAR 25.1329 Amendment 25 - 119

Sec. 25.1329 Flight Guidance System

（a）Quick disengagement controls for the autopilot and autothrust functions must be provided for each pilot. The autopilot quick disengagement controls must be located on both control wheels (or equivalent). The autothrust quick disengagement controls must be located on the thrust control levers. Quick disengagement controls must be readily accessible to each pilot while operating the control wheel (or equivalent) and thrust control levers.

(b) The effects of a failure of the system to disengage the autopilot or autothrust functions when manually commanded by the pilot must be assessed in accordance with the requirements of Sec. 25.1309.

(c) Engagement or switching of the flight guidance system, a mode, or a sensor may not cause a transient response of the airplane's flight path any greater than a minor transient, as defined in paragraph (n)(1) of this section.

(d) Under normal conditions, the disengagement of any automatic control function of a flight guidance system may not cause a transient response of the airplane's flight path any greater than a minor transient.

(e) Under rare normal and non-normal conditions, disengagement of any automatic control function of a flight guidance system may not result in a transient any greater than a significant transient, as defined in paragraph (n)(2) of this section.

(f) The function and direction of motion of each command reference control, such as heading select or vertical speed, must be plainly indicated on, or adjacent to, each control if necessary to prevent inappropriate use or confusion.

(g) Under any condition of flight appropriate to its use, the flight guidance system may not produce hazardous loads on the airplane, nor create hazardous deviations in the flight path. This applies to both fault − free operation and in the event of a malfunction, and assumes that the pilot begins corrective action within a reasonable period of time.

(h) When the flight guidance system is in use, a means must be provided to avoid excursions beyond an acceptable margin from the speed range of the normal flight envelope. If the airplane experiences an excursion outside this range, a means must be provided to prevent the flight guidance system from providing guidance or control to an unsafe speed.

(i) The flight guidance system functions, controls, indications, and alerts must be designed to minimize flightcrew errors and confusion concerning the behavior and operation of the flight guidance system. Means must be provided to indicate the current mode of operation, including any armed modes, transitions, and reversions. Selector switch position is not an acceptable means of indication. The controls and indications must be grouped and presented in a logical and consistent manner. The indications must be visible to each pilot under all expected lighting conditions.

(j) Following disengagement of the autopilot, a warning (visual and auditory)must be provided to each pilot and be timely and distinct from all other cockpit warnings.

(k) Following disengagement of the autothrust function, a caution must be provided to each pilot.

(l)The autopilot may not create a potential hazard when the flightcrew applies an overrideforce to the flight controls.

(m)During autothrust operation, it must be possible for the flightcrew to move the thrust levers without requiring excessive force. The autothrust may not create a potential hazard when the flightcrew applies an override force to the thrust levers.

(n) For purposes of this section, a transient is a disturbance in the control or flight path of the airplane that is not consistent with response to flightcrew inputs or environmental conditions.

(1)A minor transient would not significantly reduce safety margins and would involve flightcrew actions that are well within their capabilities. A minor transient may involve a slight increase in flightcrew workload or some physical discomfort to passengers or cabin crew.

(2)A significant transient may lead to a significant reduction in safety margins, an increase in flightcrew workload, discomfort to the flightcrew, or physical distress to the passengers or cabin crew, possibly including non-fatal injuries. Significant transients do not require, in order to remain within or recover to the normal flight envelope, any of the following:

(I)Exceptional piloting skill, alertness, or strength.

（Ⅱ）Forces applied by the pilot which are greater than those specified in Sec. 25.143(c).

（Ⅲ）Accelerations or attitudes in the airplane that might result in further hazard to secured or non-secured occupants.

3. CS 25.1329 Amendment 26

CS 25.1329　Flight Guidance System(See AMC Nos. 1 and 2 to CS25.1329)

（a）Quick disengagement controls for theautopilot and autothrust functions must be provided for each pilot. The autopilot quick disengagement controls must be located on both control wheels（or equivalent）. The autothrust quick disengagement controls must be located on the thrust control levers. Quick disengagement controls must be readily accessible to each pilot while operating the control wheel（or equivalent）and thrust control levers.

（b）The effects of a failure of the system to disengage the autopilot or autothrust functions when manually commanded by the pilot must be assessed in accordance with the specifications of CS 25.1309.

（c）Engagement or switching of the flight guidance system，a mode，or a sensor must not produce a transient response affecting the control or flight path of the airplane any greater than a minor transient.

（d）Under normal conditions，the disengagement of any automatic control functions of aflight guidance system must not produce a transient response affecting the control or flight path of the airplane any greater than a minor transient.

（e）Under rare-normal or non-normal conditions，the disengagement of any automatic controlfunctions of a flight guidance system must not produce a transient response affecting the control or flight path of the airplane any greater than a significant transient.

（f）The function and direction of motion of each command reference control（e.g.，heading select，vertical speed）must be readily apparent or plainly indicated on，or adjacent to，each control if necessary to prevent inappropriate use or confusion.

（g）Under any condition of flight appropriate to its use，the flight guidance system must not：

- produce unacceptable loads onthe aeroplane（in accordance with CS 25.302），or
- create hazardous deviations in the flight path.

This applies to both fault-free operation and in the event of a malfunction，and assumes that the pilot begins corrective action within a reasonable period of time.

（h）When the flight guidance system is in use，a means must be provided to avoid excursions beyond an acceptable margin from the speed range of the normal flight envelope. If the aircraft experiences an excursion outside this range，the flight guidance system must not provide guidance or control to an unsafe speed.

（i）The flight guidance system functions，controls，indications，and alerts must be designed to minimise flight crew errors and confusion concerning the behavior and operation of the flight guidance system. Means must be provided to indicate the current mode of operation，including any armed modes，transitions，and reversions. Selector switch position is not an acceptable means of indication. The controls and indications must be grouped and presented in a logical and consistent manner. The indications must be visible to each pilot under all expected lighting conditions.

（j）Following disengagement of the autopilot，a warning（visual and aural）must be provided to each pilot and be timely and distinct from all other cockpit warnings.

（k）Following disengagement of the autothrust function，a caution must be provided to each pilot.

（l）The autopilot must not create an unsafe condition when the flight crew applies an override force to the flight controls.

（m）During autothrust operation，it must be possible for the flight crew to move the thrust levers without requiring excessive force. The autothrust response to flight crew override must not create an unsafe condition.

4.5.1.2　25.1329条款背景和历史沿革分析

1. FAA相关修正案及背景说明

如表4－10所示,FAR于1965年2月1日发布了25－0修正案。1978年12月1日发布了25－46修正案。2006年5月11日发布了25－119修正案。

表4－10　相关 FAA 修正案

序号	条款号	标题	修正案	生效日期	现行有效
1	25.1329	*Automatic pilot system*	25－0	1965年2月1日	
2	25.1329	*Automatic pilot system*	25－46	1978年12月1日	
3	25.1329	*Flight guidance system*	25－119	2006年5月11日	与 CCAR 现行有效条款等效

2. EASA相关修正案分析及规章制定的背景总结

EASA 的 CS 25.1329 直接引用 FAR 25 没有更改,如表4－11所示。

表4－11　相关 EASA 修正案

序号	条款号	标题	修正案	生效日期	现行有效
1	25.1329	*Flight guidance system*	CS－25 initial issue	2003年10月17日	与 CCAR 现行有效条款等效

3. 规章差异分析

(1)现行 FAR 25.1329 与现行有效的 CS 25.1329 基本内容相同(仅为语言描述上的用词差异),主要差异是(n)款,FAR 25.1329 在(n)款对术语进行了定义,CS 25.1329 没有(n)款,其内容包含在了 AMC 中。

(2)现行 CCAR 25.1329 生效时的 FAR 25.1329 与 CS 25.1329 也是基本内容相同,同样也是在(n)款有区别。

4.5.2　CCAR 25.1329条款解析

4.5.2.1　CCAR 25.1329条款安全意图和实质要求分析

1. 条款安全意图

运输类飞机的飞行导引系统(Flight Guidance System,FGS)的适航标准,涉及飞行导引系统(包括提供自动驾驶仪、自动推力、飞行指引仪和其他功能的有关设备)的性能、安全性、故障保护、警告和基本显示等方面的要求。

飞行导引系统主要用于在飞机的基本控制和策略导引方面的协助。该系统也能对机组提供工作负荷缓解,并提供支持具体运行要求的使得飞机沿着精确航迹飞行的方式。

综上所述,本条款旨在确保飞机指引系统、自动驾驶、自动油门的安全。

2. 条款实质要求

CCAR 25.1329(a)对自动驾驶仪和自动推力功能的快速切断操纵器件的安装位置及操纵提出了要求。"快速断开"的目的是确保每个飞行员凭单手/臂动作,就能迅速且容易地断开自动驾驶仪和自动推力功能的操纵器件。

"易于接近":飞行导引系统的操纵器件通常集中安装在飞行控制板上,飞行控制板一般都被安装在中央操纵台或驾驶舱遮光板上,以便于每个驾驶员操作。

主要要求:自动驾驶仪接通和断开及显示,自动推力接通和断开及显示。自动驾驶仪接通和断开的方式应与其他飞行机组程序和任务一致,并且不应要求过度的关注。

自动推力功能应被设计成具备这样接通和断开的特征,能够提供飞行机组正的指示,即系统已经被接通或被断开。自动推力接通和断开的方式应与其他飞行机组程序和任务一致,并且不应要求过度的关注。

CCAR 25.1329(b)要求自动驾驶仪和自动推力功能的快速断开,是为了给飞行机组提供一种例行和直观地快速断开这些功能的手段。应当对"无法断开 FGS"进行安全性评估,以符合 CCAR 25.1309 要求。

CCAR 25.1309 评估应考虑在进近器件,使用快速断开器件,不能断开自动驾驶和或自动油门功能。如果评估显示,飞机能够在无法断开自动驾驶和或自动推力情况下(处于接通状态)人工着陆,那么应通过飞行试验予以演示。

CCAR 25.1329(c)对飞行导引系统的衔接或转换导致的飞机航迹瞬变做出了规定。本条的符合性主要涉及 FGS 的接通及转换的影响。

CCAR 25.1329(d)对正常条件下,飞行导引系统任何自动控制功能的切断导致的飞机航迹瞬变做出了规定本条的符合性主要涉及正常条件下 FGS 断开的影响。

CCAR 25.1329(e)对罕见的正常和不正常条件下,飞行导引系统任何自动控制功能的切断导致的瞬变做出了规定。本条的符合性主要涉及罕见的正常和不正常条件下 FGS 断开的影响。

　　曾经有这样的一些情况,自动驾驶被接通,正常运行,并且控制到达权限极限持续一段时间,机组不了解情况。服役经验表明,如果机组没有及时了解并采取行动,特别在罕见和不正常条件下,这种情况能够发展成为在自动驾驶断开之后丧失控制。因此,规章对此做出了规定。

　　CCAR 25.1329(f)对控制器件的方向标识提出了要求,要求姿态控制器件的运动平面必须与飞机的运动效果一致。人机与 FGS 的接口是一个确保安全,有效的和持续的 FGS 运行的关键。本条的符合性涉及 CCAR 25.1329(i)、CCAR 25.1329(f)、CCAR 25.777(b)、CCAR 25.779(a)、CCAR 25.781及 CCAR 25.777(a)。

　　CCAR 25.1329(g)提出在有故障和无故障的条件下,飞行导引系统对飞机载荷和航迹影响的要求,涵盖了 FGS 的功能性能、安全性评估及使用飞行试验和模拟器等进行符合性演示。

　　CCAR 25.1329(h)对速度保护提出了要求。对 FGS 而言,本条规章的意图是提供对所有运行模式的速度保护,使得空速能被安全地维持在正常飞行包线内的可接受的裕度内。

　　CCAR 25.1329(i)对指示和警告提出了要求。工作状态指示装置应确保不会造成选择错误和指示不明确,并及时向驾驶员正确指示其飞行的即时工作状态,以提高飞行安全性能。"选择器电门的位置":由于选择器电门可能会发生错位、接触不良等不正常工作情况,所以本条要求,选择器电门的位置不可以用来作为飞行导引系统工作状态的指示方式。

　　CCAR 25.1329(j)对自动驾驶仪断开后的警告提出了要求。

　　CCAR 25.1329(k)对自动推力功能断开后的警告提出了要求。

　　CCAR 25.1329(l)提出了超控力对自动驾驶仪影响的安全性评估要求。

　　CCAR 25.1329(m)提出了超控力对自动推力影响的安全性评估要求。

　　CCAR 25.1329(n)对瞬变进行定义,并提出了相关要求。

　　3. 条款关键点分析

　　(1)结合具体型号设计特征分析飞行导引系统所涵盖的范围;

　　(2)对于自动驾驶仪和自动推力功能的操纵器件,需要考虑其快速断开功能以及其安装位置;

　　(3)对于自动驾驶仪或自动推力功能的系统,应按照 CCAR 25.1309 开展安全性评估,并且与故障相结合;

　　(4)对于切断所造成的航迹瞬变都不得大于微小瞬变,要考虑人工超控时的瞬变影响；

（5）对于电传飞行控制除考虑 FGS 外，切换时，如适用，也需考虑主飞行控制正常模式驻留设备的切换影响；

（6）需确认不正常条件、罕见正常条件的范围和工况，并开展验证试验；

（7）需分析飞行导引系统的工作包线，涵盖无故障运行和故障情况，确保在危险的载荷包线和危险的航迹边界范围内。

4.5.2.2 CCAR 25.1329 专用术语

（1）结合具体型号设计特征分析飞行导引系统所涵盖的范围；

（2）对于自动驾驶仪和自动推力功能的操纵器件，需要考虑其快速断开功能以及其安装位置；

（3）对于自动驾驶仪或自动推力功能的系统，应对于按照 CCAR 25.1309 开展安全性评估，并且与故障相结合；

（4）对于切断所造成的航迹瞬变都不得大于微小瞬变，要考虑人工超控时的瞬变影响；

（5）对于电传飞行控制除考虑 FGS 外，切换时，如适用，也需考虑主飞行控制正常模式驻留设备的切换影响；

（6）需确认不正常条件、罕见正常条件的范围和工况，并开展验证试验；

（7）需分析飞行导引系统的工作包线，涵盖无故障运行和故障情况，确保在危险的载荷包线和危险的航迹边界范围内。

4.5.3 25.1329 符合性验证方法

4.5.3.1 25.1329 国内外符合性方法分析

1. FAA AC 相关分析

FAA 与此相关的 AC 如表 4－12 所示。

表 4－12　FAR 25.1329 相关咨询通告

咨询通告编号	中英文标题	生效日期	是否有效
AC 25.1329－1A	自动驾驶系统批准 *Automatic pilot systems approval*	1968 年 7 月 8 日	否

续 表

咨询通告编号	中英文标题	生效日期	是否有效
AC 25.1329 - 1B	飞行导引系统 *Flight guidance system*	2012 年 10 月 16 日	否
AC 25.1329 - 1C	飞行导引系统批准 *Approval of Flight Guidance Systems*	2016 年 5 月 24 日	是
AC 20 - 138D Change 2	定位和导航系统的适航批准 *Airworthiness Approval of Positioning and Navigation System*	2016 年 4 月 7 日	是
AC 20 - 167A	增强型视觉系统、合成视觉系统、组合视觉系统、增强型飞行视觉系统设备适航批准 *Airworthiness Approval of Enhanced Vision System，Synthetic Vision System，Combined Vision System，and Enhanced Flight Vision System Equipment*	2016 年 12 月 6 日	是
AC 25 - 7D	运输类飞机飞行试验指导 *Flight Test Guide for Certification Of Transport Category Airplanes*	2018 年 5 月 4 日	是
AC 25 - 11B	电子飞行显示 *Electronic Flight Displays*	2014 年 10 月 7 日	是
AC 25 - 15	运输类飞机飞行管理系统的批准 *Approval of Flight Management Systems in Transport Category Airplanes*	1989 年 11 月 20 日	是
AC 25.629 - 1B	运输类飞机气弹稳定性验证 *Aeroelastic Stability Substantiation of Transport Category Airplanes*	2014 年 10 月 27 日	是
AC 25.672 - 1	主动飞行控制 *Active Flight Controls*	1983 年 11 月 15 日	否
AC 120 - 118	起飞、着陆和滑跑的全天候运行(AWO)授权/批准判据 *criteria for Approval/Authorization of All Weather Operations（AWO）for Takeoff，Landing，and Rollout*	2018 年 7 月 2 日	是

2. FAA 和 EASA 差异分析

FAA 的 AC 为当前现行有效的 AC 25.1329 - 1C；EASA 当前的 AC 为 CS - 25 Amendment 26 AMC 25.1329。

差异:参考文件不同;语言描述上和行文格式差异;FAA AC 25.1329(b)增

加了 FGS 超控的符合性;FAA AC 25.1329(c)(e)增加了 FGS 提示、告警和警戒、咨询和状态的符合性;FAA AC 25.1329(j)增加了自动驾驶接通、断开和指示的符合性;FAA AC 25.1329(k)增加了自动推力接通、断开和指示的符合性。

4.5.3.2　CCAR 25.1329 符合性验证工作流及具体要求

本条款的符合性验证工作流：

（1）要对飞行导引系统进行设计描述，对条款的要求逐条说明飞行导引系统的具体设计措施；

（2）开展分析/计算、安全性分析等以满足该条款的要求；

（3）开展地面试验、飞行试验（包括故障试验）、模拟器试验、地面检查等表明对该条款的符合性。

4.5.3.3　CCAR 25.1329 符合性验证资料

（1）飞行导引系统符合性说明文件，系统原理、规范、图纸等；

（2）飞行导引系统机上检查试验大纲和报告；

（3）飞行导引系统正常功能性能试飞大纲和试验报告；

（4）飞行导引系统安全性分析报告；

（5）飞行导引系统故障试飞大纲和试验报告；

（6）飞行导引系统铁鸟/模拟器功能性能、故障试验大纲和试验报告；

（7）飞行导引系统正常条件、罕见的正常条件、不正常条件的定义和范围。

4.5.4　CCAR 25.1329 审定技术要点

4.5.4.1　CCAR 25.1329 审定要点

1. 审查要点

CCAR 25.1329(a)要点：自动驾驶仪和自动推力功能快速切断操纵器件的设计和安装，并通过地面试验和飞行试验验证自动驾驶仪和自动推力快速切断能力。

CCAR 25.1329(b)要点：人工断开自动驾驶仪或自动推力功能的系统失效影响。

CCAR 25.1329(c)要点：飞行导引系统功能、架构、接口及模式切换逻辑,并通过飞行试验验证模式切换的瞬态响应不大于 25.1329(n)(1)中规定的微小瞬变。

CCAR 25.1329(d)要点:飞行导引系统架构设计和实现过程中已考虑尽量减小自动驾驶或自动油门切断导致的瞬态影响,并通过飞行试验验证模式切换的瞬态响应不大于微小瞬变。

CCAR 25.1329(e)要点:通过飞行试验和模拟器试验验证在罕见的正常和不正常条件下,飞行导引系统任何自动控制功能的切断导致的瞬变不大于第 25.1329(n)(2)中规定的重大瞬变。

CCAR 25.1329(f)要点:飞行模式控制板每一个指令基准控制器件的功能和运动方向已清楚地标示在每一控制器件上或其附近,通过地面试验、飞行试验、机上检查来进行确认。例如,转弯控制器必须采用旋转式器件,向左旋转时使飞机左转弯,向右时右转弯。俯仰控制器件可以采用手轮式器件,不得采用旋转式器件。手轮向前运动时飞机低头,向后运动时飞机抬头。飞机运动的方向应清楚地标注在每个操纵器件的附近,如"向左""向右""向上""向下"等。

CCAR 25.1329(g)要点:自动飞行控制系统由飞行导引控制律和自动油门功能共同提供自动飞行包线保护功能,在有故障和无故障的条件下,评估飞行导引系统对航迹的影响,通过飞行试验进行确认。

在适于使用飞行导引系统的飞行条件下,包括最不利的工作条件,如轻重量、后重心时,即使飞行导引系统发生故障,只要驾驶员在规定的时间内采取了必要的纠正动作,则飞机仍应是安全的,即不应对飞机造成危险的载荷或使飞行航迹产生危险的偏离。

CCAR 25.1329(h)要点:自动飞行控制系统由飞行导引控制律和自动油门功能共同提供自动飞行包线保护功能,说明在使用飞行导引系统时,已提供措施以避免超出正常飞行包线速度范围可接受的裕度。如果飞机飞行速度偏移超出这个范围,自动驾驶切断,从而防止飞行导引系统导引或控制导致不安全的速度,并且由主飞行控制系统提供的包线保护功能保证飞机的安全飞行。通过飞行试验进行验证。

CCAR 25.1329(i)要点:飞行导引系统的功能、操纵器件、指示和警告,并通过地面试验和飞行试验验证这些指示和警告。

工作状态指示装置应确保不会造成错误选择和指示不明确,及时向驾驶员正确指示其飞行的即时工作状态(如"航向保持""VOR""下滑"等),以提高飞行安全性能。

选择器转换开关:由于转换开关可能会发生错位、接触不良等不正常工作情况,所以本款要求,选择器转换开关的位置不可以用来作为飞行导引系统工作状态的显示手段,必须另外设置"工作状态显示器"装置。

CCAR 25.1329(j)要点:自动驾驶仪断开后可给出的视觉警告和听觉警告,并通过地面试验和飞行试验验证这些警告与其他警告的区别和及时性。

CCAR 25.1329(k)要点:自动推力功能断开后可给出戒备指示,并通过地面试验和飞行试验确认戒备指示。

CCAR 25.1329(l)要点:飞行操纵器件施加超控力时,自动驾驶仪不会产生潜在的危险。

CCAR 25.1329(m)要点:对推力杆施加超控力时,自动推力不会产生潜在的危险。

2. 审查重点判据

本条款审查重点判据如下:

(1)注意微小瞬变、重大瞬变的考核;

(2)注意自动驾驶仪、自动油门超控的考核,涵盖因这种超控所引起的瞬态考核;

(3)注意 FGS 的性能与运行环境的结合,包括一些罕见的运行环境;

(4)注意故障工况的考核;

(5)注意源自主飞行控制、液压系统、电气系统故障所带来的对 FGS 系统的考核。

3. 审查经验及对照依据

本条款的审查经验以及对照依据如下:

(1)部分内容与本书其他章节重复的,参考其他章节;

(2)注意边界条件的安全裕量的考核,留有充足的机组响应裕量;

(3)注意对于结构的考核,包括正常工况和故障工况;

(4)注意系统设计的非指令影响;

(5)注意系统 AFCS 控制律的设计考核。

4.5.4.2 25.1329 特殊审定政策

FAA 政策涉及 25.1329 的特殊审定政策如下:

(1)PS-ANM111-1999-99-2:Guidance for Reviewing Certification Plans to Address Human Factors for Certification of Transport Airplane Flight Decks(运输类飞机驾驶舱取证人为因素审定计划评审指南)。该审定政策同样提供了人为因素审定计划推荐的内容。

（2）PS-ANM100-01-03A：Factors to Consider when Reviewing an Applicant's Proposed Human Factors Methods of Compliance for Flight Deck Certification(对于驾驶舱取证而言,评审申请人建议的人为因素符合性方法时应考虑的因素)。该审定政策主要解决驾驶舱人为因素方面的符合性,其发布时 25.1329 对应的修正案为 25－46,因此主要涉及 25.1329 的自动驾驶系统人为因素(发布时间为 2003 年 2 月 7 日)。它是 FAA 发展与人为因素有关的审定政策的整体战略的一部分。

（3）PS-ANM111-2001-99-01（Obs）：Improving Flightcrew Awareness during Autopilot Operation(在自动驾驶运行期间提高飞行机组感知)。FAA 于 2016 年 3 月 14 日发文撤销该审定政策,因 AC 25.1329－1B 的发布取代了该审定政策。

（4）PS-ANM-25-16：Subject：Low-Speed Alerting and Protection(低速告警和保护)。该审定政策澄清和补充 AC 中与 25.1329(h)相关的符合性方法,意图澄清现存的 AC 并确保申请人理解所有与低速告警和保护相关的合适的设计考虑。

（5）PS-ANM100-2002-00072：Subject：Propulsion Considerations(推力考虑)。这里 AC25.1329－1A 仅作为参考文件。

（6）PS-ANM100-2002-00073：Subject：Powerplant(动力)。这里 AC 25.1329－1A 仅作为参考文件。

（7）PS-AIR100-TELResCat：Subject：Twin Engine Large Agricultural Restricted CategoryAirplane Certification Basis Proposal(双引擎大型农业限制类飞机取证基础)。这里 25.1329 主要是相比于 23.1329 进行比对参考。

4.5.5　25.1329 条款特殊处理分析

豁免处理的分析说明:Exemption No. 17591,申请人请求对于 Amd. 25－119 修正案的 25.1329(j)进行缓解。波音请求一个有限时间内对于 25－119 修正案的 25.1329(j)进行豁免以允许 B767－2C 获取 TC 证,限制时间到 2019 年 12 月 31 日。波音将对于飞行控制计算机软件进行设计更改以符合性该条款的要求。

B767－2C 自动驾驶设计包括意图实现对该条款符合性的改进,但是对于不到1%的运行而言,却是不符合规章要求。具体来讲就是,当自动驾驶人工或自动断开时,该飞机提供了一种独一无二的听觉和视觉警告级告警,但是除了以下情况:

当飞行员快速连续按压两次驾驶盘断开开关时,这种警告级告警不会发出。时间分析估计在 300 ms 内快速按压可能潜在地妨碍警告级告警通告。实践中,这种事件很难复现。基于飞行试验经验,对于人工断开的 99% 时间里,这种设计提供了独一无二的听觉和视觉警告级告警给每个机组。

第5章 EASA规章关于飞行控制系统的修订及专用条件解析

5.1 EASA 25.671规章解析

EASA于2021年10月发布了CS-25 Amendment 24对25.671进行了大幅度修改,依据NPA 2014-02陈述,以航空法规咨询委员会(Aviation Rulemaking Advisory Committee,ARAC)飞行控制协调工作小组(Flight Control Harmonization Working Group,FCHWG)的报告为基础对CS 25.671进行了更新,理由如下:

(1)CS 25.671(a)应包括电传飞行控制取证项目的材料,这些项目要求考虑飞机在任何姿态的运行。

(2)CS 25.671(b)被建议修订,通过不鼓励仅使用标记作为确保正确装配的预期方式。

(3)CS 25.671(c)(1)被建议更改,移除"极不可能"作为一种符合性方法,并且澄清哪种卡阻被从"单点故障中"排除,而是在CS 25.671(c)(3)中解决。

(4)CS 25.671(c)(2)被建议修订更改,增加隐蔽特定故障风险和暴露时间限制判据,类似于CS 25.1309(b)(5)中所定义的,并且澄清哪种卡阻被排除并在CS 25.671(c)(3)中解决。

(5)CS 25.671a(c)(3)被建议更改,通过提供一个CS 25.671a(c)(3)卡阻的定义并增加暴露时间限制的判断,类似于CS 25.1309(b)(5)关于附加失效状态的判据。

(6)CS 25.671(d)被建议更改,澄清在任何飞行点上所有发动机失效的飞行必须被考虑。也应该要求进近,平飘到着陆以及飞机的停止能力。这里应假定一个合适的跑道是可用的。

(7)CS 25.671(e)被建议修订,增加电传飞行控制取证时当接近于操纵权限极限时操纵方式识别的要求。

(8)CS 25.671(f)被建议修订,增加电传飞行控制取证时对于模式通告的要求。

5.2　几种电传飞行控制专用条件解析

5.2.1　设计俯冲速度的确定

5.2.1.1　设计俯冲速度确定的背景

现代飞机主飞行控制系统一般提供了高速保护功能,飞机的飞行控制律将减小《运输类飞机适航标准》(CCAR 25-R4)中 CCAR 25.335(b)所要求的设计巡航速度 VC 与设计俯冲速度 VD 之间的速度裕量。当飞机飞行速度高于设计巡航速度 VC/MC 时,系统将限制飞行员的低头操纵权限,防止飞机实际进入 CCAR 25.335(b)(1)要求的机动。

现行有效的 CCAR 25.335(b)(1)是一种分析的包线边界情况,为设计巡航速度和设计俯冲速度之间确定可接受的裕量。设计俯冲速度将会影响飞机的颤振和飞机的设计载荷。虽然条款中规定的颠倾初始状态是 1g 平飞,但它是作为其他无意的超速状态的代表,为超速提供保护。CCAR 25.335(b)(1)是一种保守临界情况,考虑了所有潜在的超速情况,包括非对称情况。

为了将所有潜在的超速情况都包含在考虑范围内,必须证明:任何基于飞机高速保护系统而减小的速度裕量,不会在可能导致非对称姿态下进入俯冲的无意操纵或突风引起的颠倾中被超越;或飞机在飞行控制律保护下不会进入非对称的颠倾状态。此外,飞机高速保护系统必须有高的可靠性水平。

根据《民用航空产品和零部件合格审定规定》(CCAR 21-R4)第 21.16 条的要求,拟制定专用条件,明确补充安全要求以提供与飞机适用的适航规章等效的安全水平。

5.2.1.2　设计俯冲速度确定的专用条件

本专用条件替代 CCAR 25.335(b)(1)。

下列内容产生的速度裕量中的较大者将被使用:

(Ⅰ)从以 VC/MC 定常飞行的初始情况开始,飞机颠倾,沿着比初始航迹低 7.5°的新航迹飞行,并在操纵全权限范围内实施操作以维持这条新航迹。在飞机发生颠倾 20 s 后,以载荷系数 1.5g(0.5g 的加速度增量)人工拉起,或在飞行员的俯仰操纵器件处于中立位置时,飞行控制系统以更大的载荷系数自动拉起。如果所使用的气动数据是可靠的或保守的,那么上述机动中出现的速度增量可采用计算值。开始拉起之前假定具有 CCAR 25.175 (b)(1)(Ⅳ)条规定的推力,开始拉起时可以假定推力减小并使用驾驶员操纵的阻力装置。

(Ⅱ)当飞行速度低于 VC/MC 且推力能够维持飞机以此速度定常水平飞行时,飞机颠倾,沿着低于初始航迹 15°的航迹加速超过 VC/MC。当飞机实际无法达到 15°航迹角时,则按操纵全权限下系统所允许的最陡低头姿态加速超过 VC/MC。

注:飞行员的操纵器件可在达到 VC/MC 之后、拉起之前处于中立位置。

(Ⅲ)在高速告警系统工作 3 s 之后,可以载荷系数 1.5g(0.5g 的加速度增量)人工拉起或在保持飞行员的俯仰操纵器件中立位置时,飞行控制系统施加更大的载荷系数自动拉起。此时可以减少推力。整个过程中允许使用飞机可以实施的减速的所有其他方法。飞行员相继操作之间的时间间隔不短于 1 s。

(Ⅳ)申请人还必须表明下列两个情况之一:

(A)上述速度裕量不会在可能导致非对称姿态下进入俯冲的无意操纵或突风引起的颠倾中被超过;

(B)飞机在飞行控制律保护下不会进入非对称颠倾状态。

(Ⅴ)用以减少速度裕量的高速保护系统的故障概率必须小于每飞行小时 10^{-5};若同时满足下列条件,则允许这一故障概率大于每飞行小时 10^{-5},但必须小于每飞行小时 10^{-3}:

(A)向飞行员提供系统故障信息;

(B)飞行手册中说明要求飞行员减小飞机速度,直至能够维持 VMO 与 VD 之间速度裕量,该速度裕量与不采用保护系统时按 CCAR 25.335(b)进行符合的速度裕量一致;

(C)保护系统不工作时,飞机不能被签派。

5.2.2　驾驶员限制作用力

5.2.2.1　驾驶员限制作用力的背景

现代民用飞机以空客为代表,采用了侧杆控制器,该类控制器按单手操纵进行设计。现行有效的《运输类飞机适航标准》(CCAR 25-R4)中 CCAR

25.397(c)对传统的驾驶盘或驾驶杆的驾驶员限制作用力与限制扭矩要求已不适合侧杆控制器。针对侧杆控制器这一新颖设计特征,CCAR 25-R4未包含适当的安全要求。

根据《民用航空产品和零部件合格审定规定》(CCAR 21-R4)第21.16条的要求,拟为飞机制定专用条件,明确补充安全要求以提供与飞机适用的适航规章等效的安全水平。

5.2.2.2 驾驶员限制作用力的专用条件

驾驶员限制作用力需满足以下要求:

(1)位于(包括)手柄及其止动控制部件之间的所有元件,如表5-1所示。

表5-1 俯仰滚转操作力限制(立杆手柄)

俯仰	滚转
最大抬头操作力:890 N(200 lbf, 90.8 kg)	最大左滚操作力:445 N(100 lbf, 45.4 kg)
最大低头操作力:890 N(200 lbf, 90.8 kg)	最大右滚操作力:445 N(100 lbf, 45.4 kg)

(2)对于侧杆控制组件的所有其他元件,不包括为避免飞行中卡阻造成损坏所安装的电子传感器组件的内部元件,如表5-2所示。

表5-2 俯仰滚转操作力限制(侧杆手柄)

俯仰	滚转
最大抬头操作力:557 N(125 lbf, 56.8 kg)	最大左滚操作力:223 N(50 lbf, 22.7 kg)
最大低头操作力:557 N(125 lbf, 56.8 kg)	最大右滚操作力:223 N(50 lbf, 22.7 kg)

5.2.3 方向舵往复偏转

5.2.3.1 方向舵往复偏转的背景

2001年11月12日,美国航空公司587航班,一架A300-605R型飞机在纽约约翰.肯尼迪国际机场起飞后不久坠毁,机上全部260人和地面5人丧生,飞机被坠地的冲击力和随后的大火损毁。美国国家运输安全委员会(National Transportation Safety Board,NTSB)确定"事故的最可能原因是垂直安定面空中分离,原因是副驾不必要的、过度的方向舵操纵导致的载荷超过了飞机极限设计载荷"。

现行有效的《运输类飞机适航标准》(CCAR 25-R4)没有对阻止非故意方向舵操纵提出要求。由于防止驾驶员不利输入的方法是不可预见的,因此应通过一种新的设计载荷工况对不恰当的方向舵操纵提出要求。

鉴于类似民用航空产品的服役经验表明,方向舵往复偏转机动载荷情况可能产生不安全状况。因此飞机设计中,在满足单次往复偏转机动情况下的结构载荷条件,并结合驾驶员培训和操纵限制,可满足安全要求。

根据《民用航空产品和零部件合格审定规定》(CCAR 21-R4)第 21.16 条的要求,拟制定专用条件,明确补充安全要求以提供与飞机适用的适航规章等效的安全水平。

5.2.3.2　方向舵往复偏转的专用条件

(1)飞机必须按照下列方向舵往复偏转机动中出现的载荷进行设计:

1)在飞机以零偏航角进行非加速飞行时,假定驾驶舱的方向舵操纵器件突然全行程移动,使方向舵偏转到操纵系统、止动器的限制偏度或驾驶员 890 N(200 lbf)的作用力对应的偏度。

2)在飞机偏航到过漂侧滑角后,假设方向舵操纵器件全行程反向施加,以获得另一个方向的操纵系统、止动器限制偏度或驾驶员 890 N(200 lbf)作用力对应的偏度。

3)在反向偏转之后,一旦飞机偏航到反向过漂侧滑角,驾驶舱方向舵操纵器件突然回到中立位置,具体机动过程如图 5-1 所示。

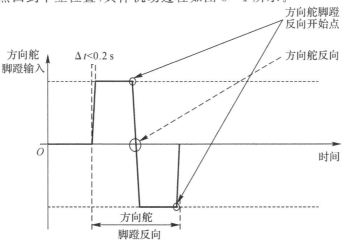

图 5-1　方向舵单次往复偏转机动过程

（2）对上述机动的仿真和分析得到的载荷还有下列要求：

1）飞机必须按本专用条件要求的方向舵操纵往复偏转载荷情况进行设计。这些载荷情况视为极限载荷，无须采用额外的安全系数。即便如此，任何由于这些极限载荷造成的永久性损伤不能阻碍飞机的持续安全飞行和着陆。

2）设计载荷必须按 CCAR 25.321 中的要求确定。速度范围由零度侧滑角时可能到达方向舵最大偏度的最高空速或 VMC 之中取大者，至 VC/MC 并假设驾驶员作用力为 890 N(200 lbf)。分析中假设起落架和减速板（或扰流板作为减速板）处于收起状态。若航路中使用了襟翼（或襟副翼及其他任何作为襟翼的气动力装置）和缝翼，则还需考虑襟翼和缝翼放下的构型。

3）系统影响。在评估本机动时需考虑系统的影响。例如，电传飞机在分析中须假设飞机处于正常控制律状态。任何用于表明这些条款验证的系统功能须遵循如下准则：

（a）当机组按飞机飞行手册程序操作时，系统通常正常工作；系统失效时，如需进行有限制的派遣，则应将方向舵往复偏转输入作为继发事件考虑，如果能表明满足主最低设备清单（Main Minimal Equipment List，MMEL）的要求，那么允许按 MMEL 进行有限制的派遣。

（b）在功能丧失时必须提供合适的机组程序。如果机组无法探测到该系统功能丧失，那么其失效概率（失效率乘以最大暴露周期）须小于 1/1 000。

4）失效情况。由于完整的方向舵脚蹬往复输入的概率是极低的，失效情况无须叠加本专用条件规定的方向舵操纵往复偏转载荷。

5）除上述要求外，应为驾驶员制定限制和培训措施，避免方向舵的连续往复极限偏转操纵。

5.2.4 大迎角保护和迎角平台

5.2.4.1 大迎角保护和迎角平台的背景

现代飞机一般都具备大迎角保护功能，大迎角保护功能限制飞机的飞行迎角，且不能被飞行机组超控。这一迎角限制功能影响了飞机纵向操纵特性，且飞机在大迎角保护功能正常工作时不提供常规的失速警告。另外，飞机还具备迎角平台功能，一旦飞机迎角超过某个预设的大迎角值时，迎角平台功能将自动增大工作发动机推力。

现行有效的《运输类飞机适航标准》(CCAR 25-R4)没有针对大迎角保护和迎角平台提出足够的安全要求。

针对此新颖独特的设计特征,根据《民用航空产品和零部件合格审定规定》(CCAR 21-R4)第 21.16 条的要求,拟为飞机制定专用条件,明确补充安全要求以提供与飞机适用的适航规章等效的安全水平。

5.2.4.2　大迎角保护和迎角平台的专用条件

1. 定义

针对本专用条件,使用下列定义:

(a)大迎角保护功能:大迎角保护能直接和自动操纵飞机飞行控制,以限制飞机的最大迎角,使飞机迎角低于气动失速迎角。

(b)迎角平台功能:当飞机迎角超过某一特定值时,迎角平台能自动增加工作发动机的推力到起飞/复飞推力。

(c)迎角限制:飞机能够在大迎角保护功能作用下保持稳定且操纵杆保持在纵向后止动点所对应的最大迎角。

(d)自动油门速度保护功能:当飞机速度超出正常包线速度范围时,自动油门速度保护功能按需自动调整工作发动机的推力使飞机速度回到正常包线范围内。

(e)V_{min}:最小稳定飞行速度。当大迎角保护工作时,飞机以不超过 1 kn/s(1 kn/s≈0.514 m/s)的减速率减速,直至驾驶员操纵操纵杆达到并保持在其纵向后限时,所对应的稳定校正空速。

(f)V_{min1g}:V_{min} 在 1g 条件下的修正值。当迎角不大于由 V_{min} 确定的迎角时,飞机能够产生一个垂直于飞行轨迹且与重力大小相等的升力对应的最小校正空速。

2. 大迎角保护的性能和可靠性

(a)在结冰和非结冰条件下,在驾驶员实施机动时不可能发生飞机失速,同时操纵品质必须是可接受的,具体要求见本专用条件第 5 节。

(b)必须能够防止飞机在风切变和突风影响下飞行时失速,具体要求见本专用条件第 6 节。

(c)必须确认大迎角保护具有适应残余冰导致的任何失速迎角减小的能力。

(d)和大迎角保护功能相关的系统的可靠性和故障影响必须是可接受的,

符合 CCAR 25.1309 的规定,且其失效概率必须是"不可能的"(improbable)。

(e)当高升力系统出现故障时,必须在每个未被证明是"不可能的"的非正常高升力构型下提供大迎角保护功能。

3. 最小稳定飞行速度和基准失速速度(代替 CCAR 25.103 要求)

(a)$V_{\min}$ 对于所考虑的飞机构型,且在大迎角保护功能作用下,最小稳定飞行速度是指当飞机以不超过 1 kn/s 的减速率减速,直到在大迎角保护功能作用下操纵到达纵向止动位时,最终得到的稳定校正空速。

(b)$V_{\min 1g}$ 是 $V_{\min}$ 修正到 1g 条件下的值。$V_{\min 1g}$ 是当迎角不大于由 $V_{\min}$ 确定的迎角时,飞机能够产生一个垂直于飞行轨迹且与重力大小相等的升力对应的最小校正空速。如果将 $V_{\min 1g}$ 用于确定在结冰或无冰条件下符合性能标准或其他要求的演示,那么必须确定 $V_{\min 1g}$。$V_{\min 1g}$ 的定义如下:

$$V_{\min 1g} = \frac{V_{\min}}{\sqrt{n_{\mathrm{ZW}}}}$$

式中:n_{ZW} 为 $V_{\min}$ 时垂直于飞行航迹的载荷系数。$V_{\min 1g}$ 必须在结冰和无冰条件下确定。

(c) 最小稳定飞行速度 $V_{\min}$,必须在下列条件确定:

(1) 大迎角保护功能正常;

(2) 慢车推力;

(3) 自动油门速度保护和迎角平台功能被抑制;

(4) 所有运行批准的襟翼设置和起落架位置的组合情况;

(5) 使用将 V_{SR} 作为确定对要求的性能标准符合性因素时的重量;

(6) 允许的最不利的重心位置;

(7) 通过自动配平系统使飞机在某个可达的速度直线飞行时配平,但不得小于 $1.13V_{\min 1g}$(或者最小可配平速度,取更大者),也不得大于 $1.3V_{\min 1g}$;

(8) 在性能标准中使用 $V_{\min 1g}$ 时相应情况的冰积聚。

(d) 基准失速速度 V_{SR} 是由申请人选择的一个校正速度。V_{SR} 不得小于 1g 失速速度(V_{s1g})。V_{SR} 可表述为

$$V_{\mathrm{SR}} \geqslant \frac{V_{\mathrm{CLMAX}}}{\sqrt{n_{\mathrm{ZW}}}}$$

式中:V_{CLMAX} 为本专用条件(e)(8) 段描述的机动过程中,当载荷系数 —— 修正升力系数,即 $\left(\dfrac{n_{\mathrm{ZW}} W}{qS}\right)$;

第一次最大时获得的校正速度;n_{ZW} 为在 V_{CLMAX} 处垂直于飞行航迹的载荷系数;W 为飞机总重;S 为机翼气动参考面积;q 为动压。

(e)V_{CLMAX} 必须在下列条件确定:

1)发动机慢车,或者如果产生的推力导致失速速度明显下降,不大于失速速度对应的零推力;

2)该飞机在其他方面(例如襟翼、起落架和冰积聚)处于使用 V_{SR} 的试验或性能标准所具有的状态;

3)使用将 V_{SR} 作为确定对要求的性能标准符合性因素时的重量;

4)导致基准失速速度值最大的重心位置;

5)通过自动配平系统使飞机在某个可达的速度直线飞行时配平,但该速度不小于 $1.13V_{SR}$ 且不大于 $1.3V_{SR}$;

6)自动油门速度保护和迎角平台功能被抑制;

7)大迎角保护调整或断开(由申请人选择),以能够产生 $1g$ 失速的迎角;

8)从稳定的配平状态开始,使用纵向操纵减速飞机,使速度降低不超过 1 kn/s。

(f)基准失速速度 V_{SR},是由申请人定义的校正空速。如果选择 V_{SR} 等于 V_{min1g},那么对于 CCAR 25.103 条款意图的等效安全应该被认为已经得到满足。如果提供的补偿因素能保证安全特性,申请人可以选择 V_{SR} 小于 V_{min1g} 但不小于 V_{S1g}。

4. 失速警告

以下要求替代 CCAR 25.207:

(1)正常工作:如果第 2)条"大迎角保护的性能和可靠性"的要求得到了满足,则在大迎角保护功能正常工作时,认为已经满足对 CCAR 25.207 失速警告条款意图的等效安全,无须提供附加的独特警告装置。

(2)故障情况:在大迎角保护出现未表明是极不可能的故障时,如果不再满足第 2)条"大迎角保护的性能和可靠性"中(a)(b)和(c)部分规定时,则必须提供失速警告,且必须能防止飞机失速或遭遇不可接受的特性。

1)在襟翼和起落架处于任一正常位置下提供的失速警告必须对于驾驶员来说是清晰可辨并具备足够裕量的,且满足本条(d)～(f)的要求。

2)对于系统失效后飞行中很可能使用的增升装置的每一个非正常形态,必须提供失速警告(包括飞机飞行手册程序中的所有形态)。

3)警告可以通过飞机固有的气动力品质来实现,也可以借助在预期要发生失速的飞行状态下能做出清晰可辨的警告的装置(如振杆器)来实现。但是,仅用要求驾驶舱内机组人员给予注意的目视失速警告装置是不可接受的。如果使用警告装置,那么该警告装置必须在本条1)中规定的每一种飞机形态下和在本条(e)和(f)中描述的条件下提供警告。

4)对于本条(e)和(f),失速警告裕度必须能够防止飞机失速。当固有的飞行特性向驾驶员显示清晰可辨的飞机失速现象时,可认为该飞机已失速。可接受的失速现象如下,这些现象既可单独出现,也可以组合出现:

(a)不能即刻阻止的机头下沉;

(b)抖振,其幅度和剧烈程度能强烈而有效地阻止进一步减速;

(c)俯仰操纵达到后止动点,并且在改出开始前操纵器件在该位置保持一短暂的时间后不能进一步增加俯仰姿态。

在本条(e)和(f)的直线和转弯飞行减速中,飞机不能出现诸如异常的机头上仰或不可控的俯仰、滚转、偏航等不可接受的特性;同时应能始终通过常规横向和航向操纵产生和修正滚转和偏航。

5)无冰条件下失速警告应防止下列条件下出现的无意失速:

(a)以不大于1 kn/s的减速率,无动力直线飞行接近比警告速度低5%或5 kn(取大者)的速度;

(b)无动力3 kn/s的30°转弯出现失速警告后,不小于1 s后开始改出。

6)结冰条件下,在不超过1 kn/s的直线飞行和转弯飞行中的失速警告裕度应足够保证飞行员防止失速,当失速警告出现后飞行员在不少于3 s开始改出机动。飞行员应采取和非结冰条件下相同方式的改出机动。

5. 大迎角操纵特性

(1)大迎角操纵演示。

以下要求替代条款CCAR 25.201:

1)在俯仰(抬头)方向上的纵向操纵限制范围内的机动飞行必须在直线飞行和30°坡度转弯飞行中表明,且满足下列条件:

(a)大迎角保护功能正常。

(b)初始动力条件:

(Ⅰ)无动力状态;

(Ⅱ)维持$1.5V_{SR1}$平飞所需的功率,其中V_{SR1}为无冰条件下飞机襟翼处于进场位置、起落架收起、最大着陆重量时的基准失速速度。

(c)自动油门速度保护和迎角平台功能抑制。

(d)襟翼、起落架和减速装置处于各种可能的位置组合。

(e)在申请审定要求范围内的有代表性的重量。

(f)在最不利的重心位置。

(g)飞机配平在正常双发直线飞行各构型下对应的最小使用速度。

2)在表明对被本专用条件 5B)高迎角操纵特性的符合性时,必须在结冰和无冰条件下采用下列程序:

(a)起始速度应充分大于最小稳定飞行速度,以确保能够建立一个稳定的减速率。采用纵向操纵,使该减速率不超过 1 kn/s,直到达到操纵止动位。

(b)纵向操纵必须保持在止动位,直到飞机达到稳定飞行,同时当纵向操纵在后止动位时飞机必须表明具有满意的横向操纵特性,并能通过常规改出技巧使飞机改出。

(c)增加减速率的机动。

(Ⅰ)无冰条件下,对于机翼水平和转弯飞行机动演示,还必须满足进入迎角限制直到可获得最大率的加速速率;

(Ⅱ)结冰条件,防冰系统正常工作情况下,对于机翼水平和转弯飞行机动演示,也必须满足进入迎角限制直到 3 kn/s 的加速速率;

(Ⅲ)对于进近和着陆构型,如果增加油门对大迎角保护特性更为临界,必须考虑从开始拉杆机动到纵向操纵器件达到止动位过程中的任一中间时间点增加复飞推力。

(d)对于在防冰系统作动并实施其预定功能之前,必须带有 CCAR 25-R4 附录 C 第Ⅱ部分(e)款所定义的冰积聚进行结冰条件下飞行的情况,以不超过 1 kn/s 稳定减速,其机动演示满足本节(a)所述的要求,但所有自动保护功能均正常使用,在本节(a)2)的更临界的功率(或推力)设置下。必须持续减速直到(Ⅰ)~(Ⅲ)中的第一个出现:

(Ⅰ)符合 PSC 25-30《飞行机组告警》的合适警告后 1 s 改出;

(Ⅱ)符合 PSC 25-30《飞行机组告警》的合适戒备,组合一个可阻止进一步降低空速的自动保护功能激活后,3 s 改出;

(Ⅲ)后止动位,3 s 后改出。

如果从进入结冰状态到启动防冰系统并执行其预期功能的时间不够短暂,则以(b)1)~3)的要求代替本款。

3)除本节(a)(b)的要求外,通过不大于 1 kn/s 减速率的机动直到按本专用条件第 3)节获得的 VSR(如确定)对应的迎角或本节(b)1)~3)必须演示的机动中达到的迎角(取大者),必须表明在直线飞行(结冰和非结冰条件下)及 30°坡度转弯飞行(仅非结冰条件)按下述条件符合(2)节(e)的要求:

(a)大迎角保护功能抑制或调整,由申请人选定,以获得飞机达到上述要求的迎角；

(b)自动油门速度保护和迎角平台功能抑制(如适用)；

(c)发动机慢车；

(d)襟翼和起落架处于各种可能的位置组合；

(e)最不利的重心位置；

(f)飞机按照(1)节(a)7)的要求配平。

(2)大迎角操纵特性。

以下要求替代 CCAR 25.203：

(a)对于直线飞行和 30°坡度转弯飞行，当减速率不超过 1 kn/s 时的所有机动，飞机特性必须满足如下：

1)不得存在任何异常的机头上仰；

2)不得存在任何预示失速的非指令的机头下俯。然而，当纵向操纵达到止动位时，在将迎角稳定在限制值的过程中出现合理的姿态改变是允许的。在将迎角稳定在限制值过程中，任何俯仰姿态减小都必须是平滑和以小的俯仰速率获得，以避免被误认为是自然的失速；

3)不得存在任何非指令的横向运动或航向运动，驾驶员必须在整个机动过程中通过常规方式使用驾驶舱操纵器件对横向运动和航向运动保持良好的控制；

4)飞机不得出现其幅度和剧烈程度会阻止完成机动的抖振。

(b)在减速速率增加的机动中，与短时出现超过稳定迎角限制有关的某些特性降级是可接受的。然而，飞机不得出现危险的特性，或出现阻止驾驶员将纵向控制器保持在止动位一定时间以完成机动的特性。

(c)应当总是能够通过控制器的常规使用方法减小迎角。

(d)飞机从配平速度(与预设的工作速度如 V_2 和 V_{REF} 等有关)机动飞行到迎角限制时的速率，不能有不合适的阻滞或明显慢于采用传统控制系统的运输类飞机。

(e)当大迎角保护功能抑制或调整，进行第 3)节 3)(d)～(f)和 5A)节(c)的演示的整个机动中，必须表明飞机特性满足以下要求：

1)飞机不得展现出有危险特性；

2)必须总能通过操纵器件的常规使用来减少迎角；

3)飞机必须展现出通过操纵器件的常规使用能进行良好的横航向操纵。

6. 大气扰动

大迎角保护功能在预期的大气扰动水平下不得对飞机操纵产生不利影

响;或者在风切变情况下影响飞机改出程序的应用。模拟器试验和分析可用于评估上述条件,但必须进行有限的飞行试验以确认临界装载条件下的操纵品质。

7. 迎角平台

结冰和无冰条件下,迎角平台功能的设置必须保证飞机在正常着陆使用速度,和与该飞行阶段机动相匹配的滚转角,包括 CCAR 25.143(h)里要求的机动能力,不能触发迎角平台功能。另外,当飞机在紊流和正常机动下飞行时,除非是合理的,否则不得触发迎角平台功能;迎角平台触发时不能对飞机的操纵产生不利影响。

8. 符合性验证

除满足 CCAR 25.21 条款要求之外,以下专用条件适用:

必须在最不利的重心位置下评估飞行品质。

9. 纵向操纵

以下要求替代 CCAR 25.145(a)、25.145(a)(1):

(a)对于直线飞行配平速度和拉满杆对应迎角之间的任何速度点,必须能使飞机机头下沉,以便使飞机能够迅速加速至选定配平速度,同时:

(1)通过自动配平系统可达到的速度,但不得小于 $1.13V_{SR}$,也不得大于 $1.3V_{SR}$ 和最不利的重心位置下,针对飞机直线飞行进行配平。

以下要求替代 CCAR 25.145(b)(6):

无动力,襟翼在放下位置,且飞机在 $1.3V_{SR1}$ 速度配平,获得并维持在 V_{REF-5} 或满足 PSC 25-30《飞行机组告警》的合适戒备或警告(取大者)至 $1.6V_{SR1}$ 或 V_{FE}(取小者)之间的空速。

10. 空速指示系统

以下要求替代 CCAR 25.1323(d):

从 $1.23V_{SR}$ 到 V_{min},指示空速随校准空速必须明显地变化并且趋势相同,并且在低于 V_{min} 的速度下指示空速不得以不正确的趋势发生变化。

5.2.5　侧杆控制器

5.2.5.1　侧杆控制器的背景

由于现代飞机如空客和商飞等采用侧杆取代传统的驾驶盘和驾驶杆进行俯仰和滚转操纵。现行有效的《运输类飞机适航标准》(CCAR 25-R4)仅适用于传统的驾驶盘和驾驶杆,没有明确规定如何使用侧杆控制器进行俯仰和滚转操纵,比如飞行员操纵力和飞机操纵性,对使用侧杆控制器的飞机不直接适用。另外,由于侧杆控制器之间不同于传统盘杆式控制的机械连接,因此飞行员的操纵权限存在不确定性。

根据《民用航空产品和零部件合格审定规定》(CCAR 21-R4)第 21.16 条的要求,拟为飞机制定专用条件,明确补充安全要求以提供与飞机适用的适航规章等效的安全水平。

5.2.5.2 侧杆控制器的专用条件

在对侧杆控制器没有特定要求的情况下,以下要求适用:

(1)飞行员操纵力:替代 CCAR 25.143(d)中对俯仰和滚转"飞行员操纵力"限制的要求,并且替代 CCAR 25.145(b)和 25.175(d)中对俯仰操纵力的特定要求,必须表明对于所有预期的工作状态和构型,无论是正常模式控制律、辅助模式控制律还是直接模式控制律,侧杆控制器的短时和最大持久操纵力水平是合适的。

(2)飞行员操纵权限:侧杆控制器的关联设计必须能满足任一飞行员进行纠正和/或超越控制而不会有不安全的特性。必须通告侧杆控制器的状态并且不会引起机组的困惑。

(3)飞行员操纵:必须通过飞行试验表明,在考虑进行精确的航迹控制/任务时和紊流条件下,使用侧杆控制器不会产生不适当的飞行员在环的操纵特性。另外,俯仰和滚转的操纵力及位移敏感度必须是协调的,以保证在一个控制轴向的正常输入不会对另一个控制轴向产生明显的无意输入。

5.2.6 横航向稳定性、纵向稳定性和低能量感知

5.2.6.1 横航向稳定性、纵向稳定性和低能量感知的背景

现代飞机采用电子飞行控制系统(Electronic Flight Control System,EFCS),其飞行控制律设计特征使得现行有效的《运输类飞机适航标准》(CCAR 25-R4)的静稳定性要求不再完全适用于现代飞机。

(1)横航向静稳定性:现代飞机在飞行控制系统正常模式的横航向飞行控制律会在正常使用飞行包线内保持航向稳定性的同时实现横向中立静稳定性,使飞机横航向稳定性与操纵力之间没有传统的对应关系。因此,CCAR 25.171、CCAR 25.177 中关于横航向静稳定性要求不完全适用于现代飞机。

(2)纵向静稳定性:飞机在飞行控制系统正常模式的纵向飞行控制律在正

常使用飞行包线内提供中立静稳定性。因此,CCAR 25.171、CCAR 25.173 和 CCAR 25.175 关于纵向静稳定性的要求不完全适用于现代飞机。

(3)低能量感知:常规的纵向静稳定性可以为机组提供低能量状态感知 (在低高度时的低速和低推力)。经验表明,采用提供中立纵向静稳定性飞行控制律的飞机在低于正常使用速度飞行时为飞行员提供的反馈提示不足。在处于低高度和性能受限的情况下,如果飞行员不能及时感知低能量状态,从低能量状态改出可能变得危险。因此,必须避免进入这些低能量状态,并且在接近这种状态时飞行员必须得到足够的提示。

根据《民用航空产品和零部件合格审定规定》(CCAR 21-R4)第 21.16 条的要求,拟为现代飞机制定专用条件,明确补充安全要求以提供与现代飞机适用的适航规章等效的安全水平。

5.2.6.2　横航向稳定性、纵向稳定性和低能量感知的专用条件

对于采用包线保护功能的飞机:

(1)包线保护功能不得不适当地限制飞机的机动能力,也不得干扰其执行正常和紧急操作所要求的机动能力;

(2)每一个包线保护功能的启动特性必须与其飞行阶段和机动类型相适应,且不得与飞行员满意地操纵飞机飞行航迹、速度或姿态的能力相冲突;

(3)因动态机动、机体和系统容差,以及不稳定的大气条件导致的某一飞行限制参数超出名义设计限制值,不得产生不安全的飞行特性或状况;

(4)包线保护功能的工作不得在预期的大气扰动水平下对飞机操纵有不利的影响,也不得在风切变条件下妨碍改出程序的使用;

(5)包线保护功能的同时作用,不得产生不利的耦合或不利的优先权;

(6)在非正常姿态或任何飞行参数超出保护边界时,包线保护功能的工作不得妨碍飞机改出。

5.2.7　飞行包线保护——法向载荷系数(g)限制

5.2.7.1　飞行包线保护——法向载荷系数(g)限制的背景

现代飞机均具备法向载荷系数限制功能,以防止飞行员无意或有意超过正或负的飞机限制载荷系数。此限制功能在正常控制律下发挥作用,并且不能被飞行机组操控。

法向载荷系数限制是一项独特的设计,因为采用常规飞行控制系统(机

械连接)的传统飞机在俯仰轴的限制仅通过升降舵的面积和极限偏度来实现。升降舵的操纵功率一般由在临界纵向俯仰力矩条件下有足够的操纵性和机动性来确定。这样导致传统飞机的机动在相当一部分飞行包线内可能超出结构设计限制值。具有电子飞行控制系统的飞机通过采用载荷系数限制功能来防止飞机进入超出载荷系数限制的情况,但载荷系数限制功能不能影响飞机所需的机动能力。

针对上述新颖独特的设计特征,现行有效的《运输类飞机适航标准》(CCAR 25-R4)没有包含适当的安全要求。

根据《民用航空产品和零部件合格审定规定》(CCAR 21-R4)第 21.16 条的要求,拟制定专用条件,明确补充安全要求以提供与飞机适用的适航规章等效的安全水平。

5.2.7.2　飞行包线保护——法向载荷系数(g)限制的专用条件

除要满足 CCAR 25.143(a)要求以外,在没有其他限制载荷系数的情况下还应满足以下要求:

(1)正的限制载荷系数不能小于:

1)对于电子飞行控制系统正常状态,巡航构型,2.5g;

2)对于电子飞行控制系统正常状态,高升力装置展态,2.0g。

(2)负的限制载荷系数必须等于或小于:

1)对于电子飞行控制系统正常状态,巡航构型,$-1.0g$;

2)对于电子飞行控制系统正常状态,高升力装置展态,0.0g。

注:本专用条件不是制定法向限制载荷上边界,也不是要求有限制器。如果限制值设定在超出 CCAR 25.333(b)、CCAR 25.337(b)和 CCAR 25.337(c)要求的结构设计限制机动载荷系数的一个值,必须在操纵控制器上设定有明显的触感,以防止飞行员无意中超出结构限制。

5.2.8　飞行包线保护——俯仰、滚转和高速限制功能

5.2.8.1　飞行包线保护——俯仰、滚转和高速限制功能的背景

常规飞机电子飞行控制系统的正常模式控制律具有俯仰、滚转姿态和高速限制功能。

(1)俯仰姿态限制功能:该功能连同大迎角保护功能用于防止飞机在低速、大迎角时失速。

(2)滚转姿态限制功能:在直到 33°坡度,控制器的侧向操纵产生基于偏移量的滚转率指令,飞机通过控制律和操纵面偏转快速建立坡度,松开操纵杆到中立位置,飞机将保持指令坡度(中立螺旋稳定性)。当坡度大于 33°时,飞机具有正的螺旋稳定性,需要一定的杆力来保持坡度,满杆对应最大坡度为 66°(巡航构型)或 60°(其他构型)。松开操纵杆,飞机坡度将回到 33°。

(3)高速限制功能:该功能旨在通过当速度超过 VMO/MMO 时附加的俯仰和滚转指令,以防止飞机速度超过最大设计俯冲速度 VD/MD。

对于上述新颖独特的飞行控制系统限制功能,现行有效的《运输类飞机适航标准》(CCAR 25-R4)没有包括合适的安全要求。

根据《民用航空产品和零部件合格审定规定》(CCAR 21-R4)第 21.16 条的要求,拟制定专用条件,明确补充安全要求以提供与飞机适用的适航规章等效的安全水平。

5.2.8.2　飞行包线保护——俯仰、滚转和高速限制功能的专用条件

除了 CCAR 25.143 条以外,以下要求适用:

(1)俯仰限制功能不得妨碍飞机的机动,包括全发工作起飞时,在直到正常操作要求的最大俯仰角加上其适当裕度下能够进行满意的速度操纵。

(2)高速限制功能不得妨碍飞机在所有常规和下降程序飞行条件下获得直到超速警告速度。

(3)滚转限制功能不得限制和阻止飞机获得直到 66°(巡航构型)或 60°(其他构型)坡度,俯仰限制功能不得限制和阻止飞机获得应急机动所需的俯仰姿态。超过 33°坡度引入正螺旋稳定性不得要求驾驶员在侧杆控制器上施加过度的体力以获得直到 66°(巡航构型)或 60°(其他构型)的滚转角。超过 33°坡度的杆力不得过轻从而产生可能导致驾驶员诱发振荡(Pilot Induced Oscillation,PIO)的过度操纵。

5.2.9　电子飞行控制系统:通过操纵品质等级评定方法验证飞行特性的符合性

5.2.9.1　电子飞行控制系统的背景

现代飞机采用电子飞行控制系统,该系统为飞行员飞行操纵和操纵面之间提供电子接口(包括正常和失效状态),产生舵面控制指令来提供飞机的控制增稳和三个轴向控制。现行有效的《运输类飞机适航标准》(CCAR 25-R4)中 CCAR 25.672(c)主要针对考虑有限权限(可接通/断开)的增稳飞机制定,无

法全面地评估装有 EFCS 飞机的飞行特性符合性。因此需制定本专用条件采用操纵品质评定方法（Handling Qualities Rating Method，HQRM）来对 EFCS 失效状态进行飞行特性评定。

HQRM 提供了操纵品质评定的一套系统方法，通过大量系统安全性评估所确定的临界失效组合来确定 HQRM 的应用范围。HQRM 主要在特定的大气扰动、飞行状态和飞行控制系统故障下，对飞机完成某一飞行任务过程的操纵品质进行评定，并根据评定结果验证飞机在飞行控制系统故障下的符合性。

根据《民用航空产品和零部件合格审定规定》（CCAR 21-R4）第 21.16 条的要求，拟制定专用条件，明确补充安全要求以提供飞机适用的适航规章等效的安全水平。

5.2.9.2 电子飞行控制系统的专用条件

对于电子飞行控制系统失效状态的飞行特性评定：为了替代 CCAR 25.672(c)的规章要求，应使用 HQRM 评估由于单个和多个非极不可能发生的故障而导致的 EFCS 失效状态。操纵品质等级如下：

（1）满意的：在飞行员正常的体力和注意力下能够满足全部性能标准。

（2）足够的：足以继续安全飞行和着陆；满足全部性能或特定降低后的性能，但是伴随有飞行员体力和注意力的增加。

（3）可操纵的：不足以继续安全飞行和着陆，但是可操纵的，从而可以回到安全的飞行状态、安全的飞行包线和/或改变构型，以使操纵品质至少是足够的。

操纵品质允许随失效状态、大气扰动和飞行包线变化降级。特别是对正常飞行包线内的可能失效状态，在轻度大气扰动下飞行员评定的操纵品质等级必须是满意的，在中度大气扰动下必须是足够的。对于不大可能的失效状态，在轻度大气扰动下飞行员评定的操纵品质等级必须至少是足够的。

5.2.10 指令信号完整性

5.2.10.1 指令信号完整性的背景

传统的飞行控制系统通常采用机械或液压-机械方式将指令信号传输到主、辅控制面。由于可将失效划分为有限数量的类别（如维修错误、卡阻、脱开、机械元件的失控或失效、液压元件的结构失效等），因此能够相对直接地确定干扰指令的来源。此外,传统飞行控制系统,几乎总能辨识出最严酷的失效情况,这些失效可以覆盖引发相同后果的其他失效。

但对于包含数字设备、软件和电子接口的电子飞行控制系统而言,经验表明可能存在来自内部和/或外部的干扰源对电子数字传输线路上的信号产生干扰。另外,考虑到电子飞行控制系统设备的复杂性,失效并不能像传统机械控制系统那样,容易被预测、分类和处理。

现行有效的《运输类飞机适航标准》(CCAR 25-R4)中的相关要求(如 CCAR 25.671 和 CCAR 25.672)主要是针对传统飞行控制系统制定的,这些条款没有对指令的完整性和控制信号不得因内外干扰而改变做出专门要求。而现代飞机飞行控制系统一般都采用了电子飞行控制技术。

根据《民用航空产品和零部件合格审定规定》(CCAR 21-R4)第 21.16 条的要求,拟制定专用条件,明确补充安全要求以提供与飞机适用的适航规章等效的安全水平。

5.2.10.2　指令信号完整性的专用条件

(1)必须表明,飞行控制系统的信号不能被无意改变,或是被改变的信号满足以下要求/准则:

1)对于所有的操纵面闭环系统,均能够保持稳定的增益和相位裕度,该要求不包括飞行员输入(飞行员在环)。

2)在考虑了飞行控制系统信号中那些发生概率并非极不可能的所有不正常情况后,应有足够的俯仰、横滚和偏航控制能力来提供持续安全飞行和着陆所需的控制。

3)虚假信号对气动力回路中各系统的影响不得导致飞机性能不可接受的瞬变或降级。尤其是,对于会引起操纵面作动器发生某种显著运动的非指令性信号,必须易于探测和消除,或者必须通过其他方法以令人满意的方式来阻止操纵面的运动。但不能自行消除的小幅剩余系统振荡是可接受的。

(2)必须演示证明,操纵面闭环系统的输出不会导致飞行操纵舵面出现非指令性的持续振荡。对于较小的不稳定性,如果进行了彻底的调查、证明和理解,那么是可以接受的。

5.2.11　操纵系统——总则

5.2.11.1　操纵系统的背景

现代飞机飞行控制系统大都采用了电子飞行控制技术,具有新颖、独特设计特征。现行有效的《运输类飞机适航标准》(CCAR 25-R4)中 CCAR 25.671 主要是针对传统飞行控制系统制定的,该条款没有对电子飞行控制系统非正常姿态下的改出、防止维修差错风险、特定的隐蔽失效风险、飞行控制卡阻和失控、所有发动机故障下的可控性以及飞行机组感知操纵权限限制等提出专门要求。

根据《民用航空产品和零部件合格审定规定》(CCAR 21-R4)第 21.16 条的要求,拟制定专用条件,明确补充安全要求以提供与飞机适用的适航规章等效的安全水平。

5.2.11.2　操纵系统的专用条件

本专用条件替代 CCAR 25.671:

(a)每个操纵器件和操纵系统对应其功能必须操作简便、平稳和确切。操纵系统应被设计成能够持续工作并且不能妨碍飞机从任何姿态恢复。

(b)飞行操纵系统的每一个元件必须在设计上采取措施,以使由于装配不当导致系统失效从而无法执行其预定功能的概率减至最小。仅在设计手段无法实现的情况下,可以采用在元件上制出明显可辨和永久性标记的方法。

(c)必须用分析、试验或两者兼用来表明,在正常飞行包线内,发生飞行操纵系统和操纵面(包括配平、升力、阻力和感觉系统)的下列任何一种失效(包括卡阻)后,不要特殊的驾驶技巧或体力,飞机仍能继续安全飞行和着陆。可能出现的失效必须只产生微小的影响,而且必须是驾驶员能易于采取对策的:

(1)除(c)(3)中定义的失效类型以外的任何单个失效。

(2)未表明是极不可能的失效的任意组合。此外,当操纵系统中已存在任何单个失效的情况下,任何额外的、能够妨碍持续安全飞行和着陆的失效状态,其组合概率应小于 1/1 000。本条不包括(c)(3)中定义的失效类型。

(3)任何导致操纵面或驾驶员操纵卡阻的失效或事件,卡阻指由于物理冲突,操纵面或驾驶员操纵器件被固定在某个位置处。卡阻必须按照下列情况进行评估:

(Ⅰ)必须考虑任何正常使用位置的卡阻。

(Ⅱ)必须假设,单个失效或失效组合可能发生在除着陆前瞬间的正常飞行包线内的任何位置。考虑到启动改回的时间延迟,着陆前瞬间可能无法实现改回;

（Ⅲ）当已存在本条规定的单个卡阻情况下，任何额外的、能够妨碍持续安全飞行和着陆的失效状态，其组合概率应小于 1/1 000。

（4）任何飞行操纵器件滑移到不利位置的失控情况，如果这种失控可由单个失效或不是极不可能的失效组合所引起。

（d）飞机必须设计成所有发动机在飞行中的任何点全部失效的情况下仍可操纵，且有从进近和平飘至着陆的可能。如果表明分析方法是可靠的，那么可以通过分析来表明满足本要求。

（e）系统设计必须保证任何时候主要控制方法接近控制权限限制时，能够被机组适当地感知。

（f）如果系统的设计使其具有多种工作模式，那么当任何工作模式显著改变或降低飞机的正常操纵特性或品质时，必须向机组提供指示信息。

第6章 现代电传飞行控制系统适航审定专用条件

现代飞机飞行控制系统大多采用了电子飞行控制技术,具有新颖、独特设计特征。现行有效的《运输类飞机适航标准》(CCAR 25-R4)中 CCAR 25.671 主要是针对传统飞行控制系统制定的,该条款没有对电子飞行控制系统非正常姿态下的改出、防止维修差错风险、特定的隐蔽失效风险、飞行控制卡阻和失控、所有发动机故障下的可控性以及飞行机组感知操纵权限限制等提出专门要求。

根据《民用航空产品和零部件合格审定规定》(CCAR 21-R4)第 21.16 条的要求,需要为飞机制定专用条件,明确补充安全要求以达到与飞机适用的适航规章等效的安全水平。下面就现代电传飞行控制系统相关问题的适航审定专用条件进行介绍。

6.1 操纵系统总体

(a)对应其功能的每个操纵器件和操纵系统必须操作简便、平稳和确切。操纵系统应被设计成能够持续工作并且不能妨碍飞机从任何姿态恢复。

(b)飞行操纵系统的每一个元件必须在设计上采取措施,以使由于装配不当导致系统失效从而无法执行其预定功能的概率减至最小。仅在设计手段无法实现的情况下,可以采用在元件上制出明显可辨和永久性标记的方法。

(c)必须用分析、试验或两者兼用来表明,在正常飞行包线内,发生飞行操纵系统和操纵面(包括配平、升力、阻力和感觉系统)的下列任何一种失效(包括卡阻)后,不要特殊的驾驶技巧或体力,飞机仍能继续安全飞行和着陆。可能出现的失效必须只产生微小的影响,而且必须是驾驶员能易于采取对策的:

(1)除(c)(3)中定义的失效类型以外的任何单个失效。

（2）未表明是极不可能的失效的任意组合。此外,当操纵系统中已存在任何单个失效的情况下,任何额外的、能够妨碍持续安全飞行和着陆的失效状态,其组合概率应小于1/1 000。本条不包括(c)(3)中定义的失效类型。

（3）任何导致操纵面或驾驶员操纵卡阻的失效或事件,卡阻指由于物理冲突,操纵面或驾驶员操纵器件被固定在某个位置处。卡阻必须按照下列情况进行评估:

（Ⅰ）必须考虑任何正常使用位置的卡阻。

（Ⅱ）必须假设,单个失效或失效组合可能发生在除着陆前瞬间的正常飞行包线内的任何位置。考虑到启动改回的时间延迟,着陆前瞬间可能无法实现改回。

（Ⅲ）当已存在本条规定的单个卡阻情况下,任何额外的、能够妨碍持续安全飞行和着陆的失效状态,其组合概率应小于1/1 000。

（4）任何飞行操纵器件滑移到不利位置的失控情况,如果这种失控可由单个失效或不是极不可能的失效组合所引起。

（d）飞机必须设计成所有发动机在飞行中的任何点全部失效的情况下仍可操纵,且有从进近和平飘至着陆的可能。如果表明分析方法是可靠的,那么可以通过分析来表明满足本要求。

（e）系统设计必须保证任何时候主要控制方法接近控制权限限制时,能够被机组适当地感知。

（f）如果系统的设计使其具有多种工作模式,那么当任何工作模式显著改变或降低飞机的正常操纵特性或品质时,必须向机组提供指示信息。

6.2　电传飞行控制系统的指令信号完整性

传统的飞行控制系统通常采用机械或液压-机械方式将指令信号传输到主、辅控制面。由于可将失效划分为有限数量的类别(如维修错误、卡阻、脱开、机械元件的失控或失效、液压元件的结构失效等),因此能够相对直接地确定干扰指令的来源。此外,传统飞行控制系统,几乎总能辨识出最严酷的失效情况,这些失效可以覆盖引发相同后果的其他失效。

但对于包含数字设备、软件和电子接口的电子飞行控制系统而言,经验表明可能存在来自内部和/或外部的干扰源对电子数字传输线路上的信号产生干扰。另外,考虑到电子飞行控制系统设备的复杂性,失效并不能像传统机械控制系统那样,容易被预测、分类和处理。

现行有效的《运输类飞机适航标准》(CCAR 25-R4)中的相关要求(如CCAR 25.671 和 CCAR 25.672)主要是针对传统飞行控制系统制定的,这些条款没有对指令的完整性和控制信号不得因内外干扰而改变做出专门要求。

(a)必须表明,飞行控制系统的信号不能被无意改变,或是被改变的信号满足以下要求/准则:

(1)对于所有的操纵面闭环系统,均能够保持稳定的增益和相位裕度,该要求不包括飞行员输入(飞行员在环)。

(2)在考虑了飞行控制系统信号中那些发生概率并非极不可能的所有不正常情况后,应有足够的俯仰、横滚和偏航控制能力来提供持续安全飞行和着陆所需的控制。

(3)虚假信号对气动力回路中各系统的影响不得导致飞机性能不可接受的瞬变或降级。尤其是,对于会引起操纵面作动器发生某种显著运动的非指令性信号,必须易于探测和消除,或者必须通过其他方法以令人满意的方式来阻止操纵面的运动。但不能自行消除的小幅剩余系统振荡是可接受的。

(b)必须演示证明,操纵面闭环系统的输出不会导致飞行操纵舵面出现非指令性的持续振荡。对于较小的不稳定性,如果进行了彻底的调查、证明,那么是可以接受的。

6.3 通过操纵品质等级评定方法验证飞行特性符合性

电子飞行控制系统为飞行员飞行操纵和操纵面之间提供电子接口(包括正常和失效状态),产生舵面控制指令来提供飞机的控制增稳和三个轴向控制。现行有效的《运输类飞机适航标准》(CCAR 25-R4)中 CCAR 25.672(c)主要针对考虑有限权限(可接通/断开)的增稳飞机制定,无法全面地评估装有 EFCS 飞机的飞行特性符合性。因此需制定本专用条件采用操纵品质评定方法(Handling Qualities Rating Method,HQRM)来对 EFCS 失效状态进行飞行特性评定。

HQRM 提供了操纵品质评定的一套系统方法,通过大量系统安全性评估所确定的临界失效组合来确定 HQRM 的应用范围。HQRM 主要在特定的大气扰动、飞行状态和飞行控制系统故障下,对飞机完成某一飞行任务过程的操纵品质进行评定,并根据评定结果验证飞机在飞行控制系统故障下的符合性。

对于电子飞行控制系统失效状态的飞行特性评定:为了替代 CCAR 25.672(c)的规章要求,应使用操纵品质等级评定方法评估由于单个和多个非极不可能发生的故障而导致的 EFCS 失效状态。操纵品质等级如下:

(1)满意的:在飞行员正常的体力和注意力下能够满足全部性能标准。

(2)足够的:足以继续安全飞行和着陆;满足全部性能或特定降低后的性能,但是伴随有飞行员体力和注意力的增加。

(3)可操纵的:不足以继续安全飞行和着陆,但是可操纵的,从而可以回到安全的飞行状态、安全的飞行包线和/或改变构型,以使操纵品质至少是足够的。

操纵品质允许随失效状态、大气扰动和飞行包线变化降级。特别是对正常飞行包线内的可能失效状态,在轻度大气扰动下飞行员评定的操纵品质等级必须是满意的,在中度大气扰动下必须是足够的。对于不大可能的失效状态,在轻度大气扰动下飞行员评定的操纵品质等级必须至少是足够的。

6.4　飞行包线保护——俯仰、滚转和高速限制功能

飞机电子飞行控制系统(Electronic Flight Control System,EFCS)的正常模式控制律具有俯仰、滚转姿态和高速限制功能。

(1)俯仰姿态限制功能:该功能连同大迎角保护功能用于防止飞机在低速、大迎角时失速。

(2)滚转姿态限制功能:在直到 33°坡度,控制器的侧向操纵产生基于偏移量的滚转率指令,飞机通过控制律和操纵面偏转快速建立坡度,松开操纵杆到中立位置,飞机将保持指令坡度(中立螺旋稳定性)。当坡度大于 33°时,飞机具有正的螺旋稳定性,需要一定的杆力来保持坡度,满杆对应最大坡度为 66°(巡航构型)或 60°(其他构型)。松开操纵杆,飞机坡度将回到 33°。

(3)高速限制功能:该功能旨在通过当速度超过 VMO/MMO 时附加的俯仰和滚转指令,以防止飞机速度超过最大设计俯冲速度 VD/MD。

对于上述新颖独特的飞行控制系统限制功能,现行有效的《运输类飞机适航标准》(CCAR 25-R4)没有包括合适的安全要求。

除了 CCAR 25.143 条以外,以下要求适用:

(1)俯仰限制功能不得妨碍飞机的机动,包括全发工作起飞时,在直到正

常操作要求的最大俯仰角加上其适当裕度下能够进行满意的速度操纵。

（2）高速限制功能不得妨碍飞机在所有常规和下降程序飞行条件下获得直到超速警告速度。

（3）滚转限制功能不得限制和阻止飞机获得直到66°（巡航构型）或60°（其他构型）坡度，俯仰限制功能不得限制和阻止飞机获得应急机动所需的俯仰姿态。超过33°坡度引入正螺旋稳定性不得要求驾驶员在侧杆控制器上施加过度的体力以获得直到66°（巡航构型）或60°（其他构型）的滚转角。超过33°坡度的杆力不得过轻从而产生可能导致驾驶员诱发振荡（PIO）的过度操纵。

6.5　飞行包线保护——法向载荷系数（g）限制

现代飞机具备法向载荷系数限制功能，以防止飞行员无意或有意超过正或负的飞机限制载荷系数。此限制功能在正常控制律下工作，并且不能被飞行机组操控。

法向载荷系数限制是一项独特的设计，因为采用常规飞行控制系统（机械连接）的传统飞机在俯仰轴的限制仅通过升降舵的面积和极限偏度来实现。升降舵的操纵功率一般由在最临界纵向俯仰力矩条件下有足够的操纵性和机动性来确定。这样导致传统飞机的机动在相当一部分飞行包线内可能超出结构设计限制值。具有电子飞行控制系统的飞机通过采用载荷系数限制功能来防止飞机进入超出载荷系数限制的情况，但载荷系数限制功能不能影响飞机所需的机动能力。

针对上述新颖独特的设计特征，现行有效的《运输类飞机适航标准》（CCAR 25-R4）没有包含适当的安全要求。

除要满足 CCAR 25.143（a）要求以外，在没有其他限制载荷系数的情况下还应满足以下要求：

（1）正的限制载荷系数不能小于：

1）对于电子飞行控制系统正常状态，巡航构型，2.5g；

2）对于电子飞行控制系统正常状态，高升力装置展态，2.0g。

（2）负的限制载荷系数必须等于或小于：

1）对于电子飞行控制系统正常状态，巡航构型，－1.0g；

2）对于电子飞行控制系统正常状态，高升力装置展态，0.0g。

注：本专用条件不是制定法向限制载荷上边界，也不是要求有限制器。如

果限制值设定在超出 CCAR 25.333(b)、CCAR 25.337(b) 和 CCAR 25.337(c)要求的结构设计限制机动载荷系数的一个值,必须在操纵控制器上设定有明显的触感,以防止飞行员无意中超出结构限制。

6.6　电传飞行控制系统的横航向稳定性、纵向稳定性和低能量感知

现代飞机采用电子飞行控制系统,其飞行控制律设计特征使得现行有效的《运输类飞机适航标准》(CCAR 25-R4)的静稳定性要求不再完全适用于现代电传飞机。

(1)横航向静稳定性:在飞行控制系统正常模式的横航向飞行控制律会在正常使用飞行包线内保持航向稳定性的同时实现横向中立静稳定性,使飞机横航向稳定性与操纵力之间没有传统的对应关系。因此,CCAR 25.171、CCAR 25.177 中关于横航向静稳定性要求不完全适用于现代电传飞机。

(2)纵向静稳定性:在飞行控制系统正常模式的纵向飞行控制律在正常使用飞行包线内提供中立静稳定性。因此,CCAR 25.171、CCAR 25.173、CCAR 25.175 关于纵向静稳定性的要求不完全适用于现代电传飞机。

(3)低能量感知:常规的纵向静稳定性可以为机组提供低能量状态感知(在低高度时的低速和低推力)。经验表明,采用提供中立纵向静稳定性飞行控制律的飞机在低于正常使用速度飞行时为飞行员提供的反馈提示不足。在处于低高度和性能受限的情况下,如果飞行员不能及时感知低能量状态,从低能量状态改出可能变得危险。因此,必须避免进入这些低能量状态,并且在接近这种状态时飞行员必须得到足够的提示。

以下要求替代 CCAR 25.171、CCAR 25.173、CCAR 25.175:

(1)必须表明飞机在服役中正常遇到的任何条件下,包括在大气紊流和其他环境影响条件下具备合适的横航向和纵向静稳定性。

(2)当飞机在纵向中立稳定飞行控制律下,在飞机显著低于正常使用速度时必须为飞行员提供足够的低能量(低速/低推力/低高度)状态感知。

以下要求替代 CCAR 25.177。

(3)横向和航向静稳定性要求。

1)对 1.13VSR1 直至 VFE、VLE 或 VFC/MFC(视飞机形态而定)的所有速度范围,在任何起落架、襟翼位置和对称动力状态下,航向静稳定性(通

过松开航向操纵时从侧滑中恢复的趋势来表明)必须为正。

2)对下列空速范围内的任何速度(除了襟翼展态时高于 VFE 的速度,和起落架放下时高于 VLE 的速度),在任何起落架、襟翼位置和对称动力状态下,横向静稳定性(通过松开横向操纵时从侧滑中抬起下沉机翼的趋势来表明)不能为负:

(a)从 1.13 VSR1 到 VMO/MMO;

(b)从 VMO/MMO 到 VFC/MFC,除非发散符合下述情况:

(Ⅰ)逐渐地;

(Ⅱ)驾驶员易于识别的;

(Ⅲ)驾驶员易于控制的。

3)下列要求必须在本条款 1)中确定的构型和速度下得到满足。

在直线定常侧滑飞行中,航向操纵行程和操纵力,必须基本上稳定地正比于侧滑角,并且该比例系数必须在与该飞机使用状态相应的整个侧滑角范围内,不超出安全运行所必需的限制。在这些直线定常侧滑飞行中,横向操纵行程和操纵力不能是不稳定的,除非是在本条款 2)(b)中所规定的大于 VMO/MMO 的速度。评估的侧滑角范围必须包含下列条件得到的侧滑角中的较小者:

(a)1/2 的可用航向(脚蹬)操纵行程;

(b)82 kg(180 lbf)的航向(脚蹬)操纵力。

4)对于超出本条款(3)中规定的、直到相应于满航向(脚蹬)操纵行程或航向(脚蹬)操纵力达到 82 kg(180 lbf)所达到的侧滑角,航向操纵力不得反逆,增加航向操纵时必须使侧滑角增加。本条要求的符合性必须通过直线定常侧滑飞行表明。如果在满航向操纵输入或航向操纵力达到 82 kg(180 lbf)之前已达到横向满操纵输入,在达到横向满操纵输入之后无须保持直线定常侧滑。本条要求必须在全发工作条件下,所有批准的起落架、襟翼位置所对应的正常使用速度范围和功率状态下得到满足。

6.7　电传飞行控制系统的侧杆控制器

现代飞机以空客和商飞为例,采用侧杆取代传统的驾驶盘和驾驶杆进行俯仰和滚转操纵。现行有效的《运输类飞机适航标准》(CCAR 25-R4)仅适用于传统的驾驶盘和驾驶杆,没有明确规定如何使用侧杆控制器进行俯仰和滚转操纵,比如飞行员操纵力和飞机操纵性,对使用侧杆控制器的飞机不直接适用。另外,由于侧杆控制器之间不同于传统盘杆式控制的机械连接,因此飞行员的操纵权限存在不确定性。

在对侧杆控制器没有特定要求的情况下,以下要求适用:

(1)飞行员操纵力:替代 CCAR 25.143(d)中对俯仰和滚转"飞行员操纵力"限制的要求,并且替代 CCAR 25.145(b)和 CCAR 25.175(d)中对俯仰操纵力的特定要求,必须表明对于所有预期的工作状态和构型,无论是正常模式控制律、辅助模式控制律还是直接模式控制律,侧杆控制器的短时和最大持久操纵力水平是合适的。

(2)飞行员操纵权限:侧杆控制器的关联设计必须能满足任一飞行员进行纠正和/或超越控制而不会有不安全的特性。必须通告侧杆控制器的状态并且不会引起机组的困惑。

(3)飞行员操纵:必须通过飞行试验表明,在考虑进行精确的航迹控制/任务时和紊流条件下,使用侧杆控制器不会产生不适当的飞行员在环的操纵特性。另外,俯仰和滚转的操纵力及位移敏感度必须是协调的,以保证在一个控制轴向的正常输入不会对另一个控制轴向产生明显的无意输入。

6.8　电传飞行控制系统的大迎角保护和迎角平台

现代飞机一般都具备大迎角保护功能,该大迎角保护功能限制飞机的飞行迎角,且不能被飞行机组操控。这一迎角限制功能影响了飞机纵向操纵特性,且飞机在大迎角保护功能正常工作时不提供常规的失速警告。另外,飞机还具备迎角平台功能,一旦飞机迎角超过某个预设的大迎角值时,迎角平台功能将自动增大工作发动机推力。

现行有效的《运输类飞机适航标准》(CCAR 25-R4)没有针对大迎角保护和迎角平台提出足够的安全要求。

1. 定义

针对本专用条件,使用下列定义:

(a)大迎角保护功能:大迎角保护能直接和自动操纵飞机飞行控制,以限制飞机的最大迎角,使飞机迎角低于气动失速迎角。

(b)迎角平台功能:当飞机迎角超过某一特定值时,迎角平台能自动增加工作发动机的推力到起飞/复飞推力。

(c)迎角限制：飞机能够在大迎角保护功能作用下保持稳定且操纵杆保持在纵向后止动点所对应的最大迎角。

(d)自动油门速度保护功能：当飞机速度超出正常包线速度范围时，自动油门速度保护功能按需自动调整工作发动机的推力使飞机速度回到正常包线范围内。

(e)V_{min}：最小稳定飞行速度。当大迎角保护工作时，飞机以不超过 1 kn/s 的减速率减速，直至驾驶员操纵操纵杆达到并保持在其纵向后限时，所对应的稳定校正空速。

(f)V_{min1g}：V_{min} 在 1g 条件下的修正值。当迎角不大于由 V_{min} 确定的迎角时，飞机能够产生一个垂直于飞行轨迹且与重力大小相等的升力对应的最小校正空速。

2. 大迎角保护的性能和可靠性

(a)在结冰和非结冰条件下，在驾驶员实施机动时不可能发生飞机失速，同时操纵品质必须是可接受的，具体要求见本专用条件第 5 节。

(b)必须能够防止飞机在风切变和突风影响下飞行时失速，具体要求见本专用条件第 6 节。

(c)必须确认大迎角保护具有适应残余冰导致的任何失速迎角减小的能力。

(d)和大迎角保护功能相关的系统的可靠性和故障影响必须是可接受的，符合 CCAR 25.1309 的规定，且其失效概率必须是"不可能的"（improbable）。

(e)当高升力系统出现故障时，必须在每个未被证明是"不可能的"的非正常高升力构型下提供大迎角保护功能。

3. 最小稳定飞行速度和基准失速速度（代替 CCAR 25.103 要求）

(a)V_{min} 对于所考虑的飞机构型，且在大迎角保护功能作用下，最小稳定飞行速度是指当飞机以不超过 1 kn/s 的减速率减速，直到在大迎角保护功能作用下操纵到达纵向止动位时，最终得到的稳定校正空速。

(b)V_{min1g} 是 V_{min} 修正到 1g 条件下的值。V_{min1g} 是当迎角不大于由 V_{min} 确定的迎角时，飞机能够产生一个垂直于飞行轨迹且与重力大小相等的升力对应的最小校正空速。如果将 V_{min1g} 用于确定在结冰或无冰条件下符合性能标准或其他要求的演示，那么必须确定 V_{min1g}。V_{min1g} 的定义如下：

$$V_{min1g} = \frac{V_{min}}{\sqrt{n_{ZW}}}$$

式中:n_{ZW} 为 V_{min} 时垂直于飞行航迹的载荷系数。V_{min1g} 必须在结冰和无冰条件下确定。

(c)最小稳定飞行速度 V_{min} 必须在下列条件确定:

(1)大迎角保护功能正常;

(2)慢车推力;

(3)自动油门速度保护和迎角平台功能被抑制;

(4)所有运行批准的襟翼设置和起落架位置的组合情况;

(5)使用将 V_{SR} 作为确定对要求的性能标准符合性因素时的重量;

(6)允许的最不利的重心位置;

(7)通过自动配平系统使飞机在某个可达的速度直线飞行时配平,但不得小于 $1.13V_{min1g}$(或者最小可配平速度,取更大者),也不得大于 $1.3V_{min1g}$;

(8)在性能标准中使用 V_{min1g} 时相应情况的冰积聚。

(d)基准失速速度 V_{SR} 是由申请人选择的一个校正速度。V_{SR} 不得小于 $1g$ 失速速度(V_{s1g})。V_{SR} 可表述为

$$V_{SR} \geq \frac{V_{CLMAX}}{\sqrt{n_{ZW}}}$$

式中:V_{CLMAX} 为本专用条件(e)(8)段描述的机动过程中当载荷系数——修正升力系数第一次最大时获得的校正速度;n_{ZW} 为在 V_{CLMAX} 处垂直于飞行航迹的载荷系数;W 为飞机总重;S 为机翼气动参考面积;q 为动压。

(e)V_{CLMAX} 必须在下列条件确定:

(1)发动机慢车,或者如果产生的推力导致失速速度明显下降,不大于失速速度对应的零推力;

(2)该飞机在其他方面(例如襟翼、起落架和冰积聚)处于使用 V_{SR} 的试验或性能标准所具有的状态;

(3)使用将 V_{SR} 作为确定对要求的性能标准符合性因素时的重量;

(4)导致基准失速速度值最大的重心位置;

(5)通过自动配平系统使飞机在某个可达的速度直线飞行时配平,但该速度不小于 $1.13V_{SR}$ 且不大于 $1.3V_{SR}$;

(6)自动油门速度保护和迎角平台功能被抑制;

(7)大迎角保护调整或断开(由申请人选择),以能够产生 $1g$ 失速的迎角;

（8）从稳定的配平状态开始，使用纵向操纵减速飞机，使速度降低不超过1 kn/s。

（f）基准失速速度 V_{SR}，是由申请人定义的校正空速。如果选择 V_{SR} 等于 V_{min1g}，则对于 CCAR 25.103 条款意图的等效安全应该被认为已经得到满足。如果提供的补偿因素能保证安全特性，申请人可以选择 V_{SR} 小于 V_{min1g} 但不小于 V_{S1g}。

4. 失速警告

以下要求替代 CCAR 25.207：

4A）正常工作：如果第 2）条"大迎角保护的性能和可靠性"的要求得到了满足，那么在大迎角保护功能正常工作时，认为已经满足对 CCAR 25.207 失速警告条款意图的等效安全，无须提供附加的独特警告装置。

4B）故障情况：在大迎角保护出现未表明是极不可能的故障时，如果不再满足第 2）条"大迎角保护的性能和可靠性"中（a）（b）和（c）部分规定时，那么必须提供失速警告，且必须能防止飞机失速或遭遇不可接受的特性。

（a）在襟翼和起落架处于任一正常位置下提供的失速警告必须对于驾驶员来说是清晰可辨并具备足够裕量的，且满足本条（d）～（f）的要求。

（b）对于系统失效后飞行中很可能使用的增升装置的每一个非正常形态，必须提供失速警告（包括飞机飞行手册程序中的所有形态）。

（c）警告可以通过飞机固有的气动力品质来实现，也可以借助在预期要发生失速的飞行状态下能做出清晰可辨的警告的装置（如振杆器）来实现。但是，仅用要求驾驶舱内机组人员给予注意的目视失速警告装置是不可接受的。如果使用警告装置，那么该警告装置必须在本条（a）中规定的每一种飞机形态下和在本条（e）和（f）中描述的条件下提供警告。

（d）对于本条（e）和（f），失速警告裕度必须能够防止飞机失速。当固有的飞行特性向驾驶员显示清晰可辨的飞机失速现象时，可认为该飞机已失速。可接受的失速现象如下，这些现象既可单独出现，也可以组合出现：

（1）不能即刻阻止的机头下沉；

（2）抖振，其幅度和剧烈程度能强烈而有效地阻止进一步减速；

（3）俯仰操纵达到后止动点，并且在改出开始前操纵器件在该位置保持一短暂的时间后不能进一步增加俯仰姿态。

在本条（e）和（f）的直线和转弯飞行减速中，飞机不能出现诸如异常的机头上仰或不可控的俯仰、滚转、偏航等不可接受的特性；同时应能始终通过常规横向和航向操纵产生和修正滚转和偏航。

(e)无冰条件下失速警告应防止下列条件下出现的无意失速：

(1)以不大于 1 kn/s 的减速率,无动力直线飞行接近比警告速度低 5% 或 5 kn/s(取大者)的速度；

(2)无动力 3 kn/s 的 30°转弯出现失速警告后,不小于 1 s 后开始改出。

(f)结冰条件下,在不超过 1 kn/s 的直线飞行和转弯飞行中的失速警告裕度应足够保证飞行员防止失速,在失速警告出现后飞行员在不少于 3 s 开始改出机动。飞行员应采取和非结冰条件下相同方式的改出机动。

5. 大迎角操纵特性

5A)大迎角操纵演示

以下要求替代条款 CCAR 25.201：

(a)在俯仰(抬头)方向上的纵向操纵限制范围内的机动飞行必须在直线飞行和 30°坡度转弯飞行中表明,且满足下列条件：

(1)大迎角保护功能正常。

(2)初始动力条件：

(Ⅰ)无动力状态；

(Ⅱ)维持 $1.5V_{SR1}$ 平飞所需的功率,其中 V_{SR1} 为无冰条件下飞机襟翼处于进场位置、起落架收起、最大着陆重量时的基准失速速度。

(3)自动油门速度保护和迎角平台功能抑制。

(4)襟翼、起落架和减速装置处于各种可能的位置组合。

(5)在申请审定要求范围内的有代表性的重量。

(6)在最不利的重心位置。

(7)飞机配平在正常双发直线飞行各构型下对应的最小使用速度。

(b)在表明对被本专用条件 5B)节的符合性时,必须在结冰和无冰条件下采用下列程序：

(1)起始速度应充分大于最小稳定飞行速度,以确保能够建立一个稳定的减速率。采用纵向操纵,使该减速率不超过 1 kn/s,直到达到操纵止动位。

(2)纵向操纵必须保持在止动位,直到飞机达到稳定飞行,同时当纵向操纵在后止动位时飞机必须表明具有满意的横向操纵特性,并能通过常规改出技巧使飞机改出。

(3)增加减速率的机动：

(Ⅰ)无冰条件下,对于机翼水平和转弯飞行机动演示,还必须满足进入迎角限制直到可获得最大速率的加速速率；

（Ⅱ）结冰条件，防冰系统正常工作情况下，对于机翼水平和转弯飞行机动演示，也必须满足进入迎角限制直到 3 kn/s 的加速速率；

（Ⅲ）对于进近和着陆构型，如果增加油门对大迎角保护特性更为临界，必须考虑从开始拉杆机动到纵向操纵器件达到止动位过程中的任一中间时间点增加复飞推力。

（4）对于在防冰系统作动并实施其预定功能之前，必须带有 CCAR 25-R4 附录 C 第Ⅱ部分(e)款所定义的冰积聚进行结冰条件下飞行的情况，以不超过 1 kn/s 稳定减速，其机动演示满足本节(a)所述的要求，但所有自动保护功能均正常使用，在本节(a)(2)的更临界的功率(或推力)设置下。必须持续减速直到（Ⅰ）~（Ⅲ）中的第一个出现：

（Ⅰ）符合 PSC 25-30《飞行机组告警》的合适警告后 1 s 改出；

（Ⅱ）符合 PSC 25-30《飞行机组告警》的合适戒备，组合一个可阻止进一步降低空速的自动保护功能激活后，3 s 改出；

（Ⅲ）后止动位，3 s 后改出。

如果从进入结冰状态到启动防冰系统并执行其预期功能的时间不够短暂，则以(b)(1)~(3)的要求代替本款。

（c）除本节(a)(b)的要求外，通过不大于 1 kn/s 减速率的机动直到按本专用条件第 3)节获得的 V_{SR}(如确定)对应的迎角或本节(b)(1)~(3)必须演示的机动中达到的迎角(取大者)，必须表明在直线飞行(结冰和非结冰条件下)及 30°坡度转弯飞行(仅非结冰条件)按下述条件符合 5B)节(e)的要求：

（1）大迎角保护功能抑制或调整，由申请人选定，以获得飞机达到上述要求的迎角；

（2）自动油门速度保护和迎角平台功能抑制(如适用)；

（3）发动机慢车；

（4）襟翼和起落架处于各种可能的位置组合；

（5）最不利的重心位置；

（6）飞机按照 5A)节(a)(7)的要求配平。

5B)大迎角操纵特性

以下要求替代 CCAR 25.203：

（a）对于直线飞行和 30°坡度转弯飞行，当减速率不超过 1 kn/s 时的所有机动，飞机特性必须满足如下要求：

（1）不得存在任何异常的机头上仰。

（2）不得存在任何预示失速的非指令的机头下俯。然而，当纵向操纵达到止动位时，在将迎角稳定在限制值的过程中出现合理的姿态改变是允许的。在将迎角稳定在限制值过程中，任何俯仰姿态减小都必须是平滑和以小的俯仰速率获得的，以避免被误认为是自然的失速。

（3）不得存在任何非指令的横向运动或航向运动，驾驶员必须在整个机动过程中通过常规方式使用驾驶舱操纵器件对横向运动和航向运动保持良好的控制。

（4）飞机不得出现其幅度和剧烈程度会阻止完成机动的抖振。

（b）在减速速率增加的机动中，与短时出现超过稳定迎角限制有关的某些特性降级是可接受的。然而，飞机不得出现危险的特性，或出现阻止驾驶员将纵向控制器保持在止动位一定时间以完成机动的特性。

（c）应当总是能够通过控制器的常规使用方法减小迎角。

（d）飞机从配平速度（与预设的工作速度如 V_2 和 V_{REF} 等有关）机动飞行到迎角限制时的速率，不能有不合适的阻滞或明显慢于采用传统控制系统的运输类飞机。

（e）当大迎角保护功能抑制或调整，进行第 3）节 3)(d)～(f)和 5A)节(c)的演示的整个机动中，必须表明飞机特性满足以下要求：

（1）飞机不得展现出有危险特性；

（2）必须总能通过操纵器件的常规使用来减少迎角；

（3）飞机必须展现出通过操纵器件的常规使用能进行良好的横航向操纵。

6. 大气扰动

大迎角保护功能在预期的大气扰动水平下不得对飞机操纵产生不利影响，或者在风切变情况下影响飞机改出程序的应用。模拟器试验和分析可用于评估上述条件，但必须进行有限的飞行试验以确认临界装载条件下的操纵品质。

7. 迎角平台

结冰和无冰条件下，迎角平台功能的设置必须保证飞机在正常着陆使用速度，和与该飞行阶段机动相匹配的滚转角，包括 CCAR 25.143(h)里要求的机动能力，不能触发迎角平台功能。另外：当飞机在紊流和正常机动下飞行时，除非是合理的，否则不得触发迎角平台功能；迎角平台触发时不能对飞机的操纵产生不利影响。

8. 符合性验证

除满足 CCAR 25.21 条款要求之外,以下专用条件适用:

必须在最不利的重心位置下评估飞行品质。

9. 纵向操纵

以下要求替代 CCAR 25.145(a)、CCAR 25.145(a)(1):

(a)对于直线飞行配平速度和拉满杆对应迎角之间的任何速度点,必须能使飞机机头下沉,以便使飞机能够迅速加速至选定配平速度,同时:

(1)通过自动配平系统可达到的速度,但不得小于 $1.13V_{SR}$,也不得大于 $1.3V_{SR}$ 和最不利的重心位置下,针对飞机直线飞行进行配平。

以下要求替代 CCAR 25.145(b)(6):

无动力,襟翼在放下位置,且飞机在 $1.3V_{SR1}$ 速度配平,获得并维持在 V_{REF-5} 或满足《飞行机组告警》(PSC 25-30)的合适戒备或警告(取大者)至 $1.6V_{SR1}$ 或 V_{FE}(取小者)之间的空速。

10. 空速指示系统

以下要求替代 CCAR 25.1323(d):

从 $1.23V_{SR}$ 到 V_{min},指示空速随校准空速必须明显地变化并且趋势相同,并且在低于 V_{min} 的速度下指示空速不得以不正确的趋势发生变化。

第7章 面向适航的民用飞行控制系统软件开发

7.1 飞行控制系统中安全关键软件

安全关键软件(Safety-Critical Software)是指应用于航空航天、交通、能源、医疗、军事等领域,其运行情况会影响到人身和设施安全的软件系统。该类软件无疑应当被投以格外的关注、施以有效的方法,以求"万无一失"。目前安全软件主要应用于航空航天领域嵌入式系统当中。嵌入式系统是特殊用途的计算机系统,它被封装或安装到它们所要控制的设备中,安全关键系统是一种故障可能导致死亡、伤害或疾病的系统。

机载飞行控制系统就属于此类安全关键系统,驻留在飞行控制系统中的软件则为安全关键软件。飞行控制系统中的软件通常可分为应用软件和平台软件。安全关键软件故障的悲剧本质使得高质量和极高的可靠性成为必不可少的要求,目前权威机构和业界已经制定了针对航空航天领域关键安全软件的认证和开发标准。

飞行控制系统能够提高飞行的稳定性并减轻飞行员的负担,可通过硬件裕度配置和软件的相应裕度设计提高飞行控制系统的可靠性。

7.2 机载软件相关的标准和指南

飞行控制系统软件作为安全关键软件也不例外需要遵守相关标注和指南,此类安全关键软件的符合性表明主要遵守 DO178 系列标准,目前民航地区管理局已经和工业界达成一致。

RTCA DO178 系列标准是由美国的航空无线电技术委员会(Radio Technical Commission for Aeronautics,RTCA)所提出的一个航空工业的软件标准,标准名为"*Software Considerations in Airborne Systems and Equipment*

Certification"。它的第一个正式版本发布于 1982 年,到 1992 年,经过多个行业联合的综合性更新发布了 DO178B(欧洲发布版本为 ED12B)。该标准也就是当前我国在航空业界所应用的版本,它是为了支持含有数字计算机的机载系统和设备的研制工作而开发的软件开发过程中应遵循的准则,适用于民用飞机机载系统软件的开发和合格审定,2011 年又发表 DO178C。

RTCA DO248C 作为 DO178C 以及 DO278A 的补充文件,于 2022 年 12 月发布,其中对两份标准进行了勘误说明,还对部分常见问题或未说清楚的内容进行了解答,帮助读者进一步理解软件开发过程中的重点关注技术以及适航审定考虑。

FAA 在 2021 年 7 月发布了 AC 20 - 115D *Airborne Software Development Assurance Using EUROCAE ED-12 and TRCA DO178*,该咨询通告正式通知民航地区管理局将 DO178C 标准、DO330 标准、DO331 标准、DO332、DO333 标准作为机载软件审查的标准,同时将 DO248C *Supporting Information for DO178 and DO278* 作为支持文件,同时对可持续采用 DO178B 作为符合性标准的情况进行了说明。FAA 还发布了 AC 00-69 *Best Practice for airborne software Development*,通过最佳实践的方式,引导使用 DO178 作为符合性标准。

CAAC 早在 2000 年的时候就发布了《机载系统和设备合格审定中的软件审查方法》(AC 21-02),明确提出了参考工业界 DO178B 标准开展机载软件审定,将 DO178B 作为机载软件符合性标准。目前,CAAC 关于接受 DO17C 作为软件符合性表明的 AC 正在修订当中。

除咨询通告等相关文件外,民航地区管理局在审查具体项目过程中也会发布问题纪要,例如众所周知的 C919 大客机,民航地区管理局在审查过程中就颁布了《机载系统和设备审定的软件考虑》其中明确了将 DO178B 及其补充 DO248 作为软件审查基础和符合性方法。

7.3 飞行控制软件研制与飞行控制系统开发之间的关系

飞行控制系统属于复杂系统,其开发过程应遵守《民用飞机和系统开发》(SAE ARP 4754)过程,用于约束和规范飞机和系统层级的开发过程,SAE ARP 4754A 开发过程如图 7 - 1 所示。

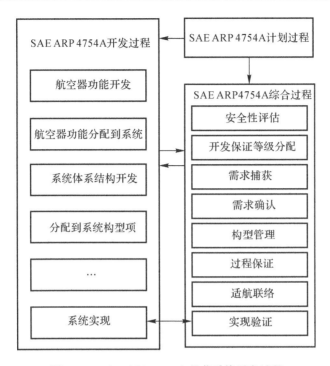

图 7-1　SAE ARP 4754A 机载系统开发过程

飞机分配给系统的需求确定后,就正式进入系统开发过程,系统层级应该根据飞机级功能分配,确定系统的功能,进行系统层级安全性评估,开展系统功能危害度分析,评估系统功能失效对飞机、机组及乘客的影响,输出系统安全性需求;定义系统需求,进行系统体系架构设计;开展初步系统安全性评估。在完成系统层级开发过程之后,结合系统功能再将需求分解到设备层级,将系统安全性需求分配给设备层,在设备层级迭代使用 SEA ARP 4754 开发过程,定义设备级需求和架构,并将设备的功能以及安全性需求分配给软硬件,最终迭代形成整体系统架构。

在飞行控制系统的开发过程中,在系统层级和设备层级迭代 4754A 开发过程,形成双-双裕度配置飞行控制系统硬件架构,即飞行控制计算机架构采用 2×2 结构,由 A 计算机、B 计算机共 2 台实体机箱构成,其中 A 计算机是高优先级的主控计算机,B 计算机是低优先级的热备份控制计算机。根据飞行控制系统的初步安全性评估(Preliminary System Safety Assessment, PSSA),由于飞行控制系统不允许存在单点失效,因此应单台飞行控制计算机内包含"主控"和"监控"两个通道,即 A 计算机、B 计算机的内部由不完全对称的主控通道、监控通道两部分组成,计算机平台外部信号在 A 计算机/B 计算机内部一分二进入主控通道和监控通道的信号输入电路,两个通道分别含独立的供电和通道功能组件,每个通道内根据功能的不同又分为两个不同的硬件模块。主控计算机和热备份计算机通过应用软件来确定主从关系;主控通道和监控通道通过采用不同的处理器来实现双裕度。某飞行控制系统的架构如图 7-2 所示。

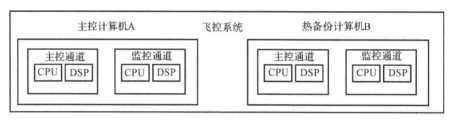

图 7-2 某飞行控制系统双裕度硬件架构

在设备层级迭代 SEA ARP 4754A 的过程中,软/硬件层级的构型项划分已经明确,在开展设备层级 PSSA 过程中,将进行软/硬件构型项研制保证等级的分配,确定软/硬件构型项的研制保证等级。各软件构型项基于设备层级的需求输入、研制保证等级将进一步遵循 DO178B/C 过程进行软件层级开发活动。系统、设备层级与软/硬件开发过程层级的关系如图 7-3 所示。

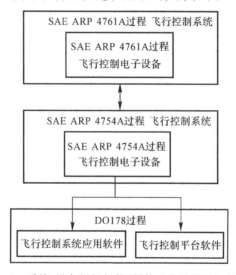

图 7-3 系统、设备层级与软/硬件开发过程层级的关系

在某飞行控制系统中飞行控制计算机设备迭代使用 SEA 4754A 进行开发过程中,明确软件构型项包含应用软件和平台软件。应用软件负责裕度控制、控制路计算、同步等飞行控制与管理功能。平台软件负责为应用软件的开发运行提供运行平台,其中平台软件根据驻留的硬件模块以及功能的不同具体分为 CPU 模块平台软件、DSP 模块平台软件。CPU 模块平台软件负责系统引导、交叉传输、测试等功能;DSP 模块平台软件负责信号采集与交叉传输等功能。飞行控制软件体系架构图如图 7-4 所示。

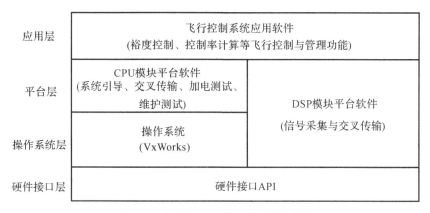

图 7-4　飞行控制系统软件体系架构图

7.4　飞行控制软件工程评审与适航审查

7.4.1　工程评审

软件工程化评审,是由主设计商针对其供应商所发起的评审活动,对于需要随机取证的新研和改型开发软件,主设计商一般会针对供应商软件生命周期的各个阶段开展相应的工程评审活动,包括软件计划阶段评审(Program Planning Review,PPR)、软件初步设计评审(Preliminary Design Review,PDR)、软件详细设计评审(Critical Design Review,CDR)、软件测试就绪评审(Test Ready Review,TRR)和软件符合性评审(Software Compliance Review,SCR)等,一般主设计商会要求供应商在开展工程评审之前,由供应商先自行开展内部工程化评审,通过软件 PPR、PDR、CDR、TRR 评审:一方面,可以实现主机对于关键机载软件及其需求、设计、实现和验证过程的监控;另一方面,由于软件和系统的密切关系,软件 PPR、PDR、

CDR、TRR 和 SCR 都将与相应的型号级或系统级评审相协调进行。

（1）PPR 评审的目标是为确定软件计划过程以及生成的生命周期数据（计划、标准等文件）是否满足 DO178B/C 的目标，从而确保必要和正确的计划文件已到位，能够指导和支持后续的软件开发活动。

（2）PDR 评审的主要目的是确认供应商分解的软件高级需求和建议的软件架构是否符合相应系统需求和约束条件，软件开发状态是否准备好进入详细设计。

（3）CDR 评审的具体目标是：确认软件的低级需求和设计架构符合软件高级需求，包括功能、性能、安全性等方面；确认软件的低级需求和设计架构是合理的。

（4）TRR 评审的目标是评判需求、设计以及试验数据等是否已充分完成，并可支持后期产品验证试验。TRR 完成后即可开始正式软件测试。

（5）SCR 评审的目标为，供应商应向主机所证明——所有符合 DO178B/C 要求及符合其他审定要求的活动均已完成，并可供于提交审查方进行合格审定。

7.4.2 适航介入审查

民用飞机机载软件适航介入审查，是指民航地区管理局对软件开发的审查活动，软件阶段性介入审查（Stage of Involvement，SOI）由美国 FAA 提出，FAA 发布的 Order 8110.49 *Software Approval Guidelines* 作为机载软件适航审查程序指南文件，用于指导开展软件审查工作。其中规定了软件审查阶段、各阶段审查所需要的审查的数据、各阶段审查的评价准则。该指南规定了民航地区管理局介入民用飞机机载软件审查的四个审查阶段，分别为：

SOI#1：计划审查；

SOI#2：需求审查；

SOI#3：设计和验证审查；

SOI#4：批准审查。

目前，CAAC 在审查时也是完全采用 FAA Order 8110.49 的规定，按照 SOI#1～SOI#4 开展审查。

FAA 于 2004 年就发布了 Job Aids *Conducting Software Reviews Prior to Certification Job Aid*，用于指导 FAA 审查人员和委任工程代表（Designated Engineering Representative，DER）开展基于 DO178B/C 的软件符合性审查活动，同时提出了明确的介入审查各阶段的检查单。值得注意的

是,该文件并非强制性要求文件。

目前,各主制造商在开展 SOI 内审的时候同样也是参考 Job Aids 来了解民航地区管理局审查的一般方法和流程,将 Job Aids 检查单再传递给其供应商或其子供应商,实现检查标准的自上向下的一致性。CAAC 在审查时也会参考 Job Aids 检查单开展,但不会完全照搬,会结合型号研制实际情况,对检查单进行裁剪和补充,形成具体型号相关的软件审查策略。

7.4.3　适航介入审查与工程评审的关系

适航介入审查与工程评审存在以下不同:

(1)发起人不同。适航介入审查由民航地区管理局发起,而工程审查是由主设计商发起的。

(2)审查目标不同。适航介入审查的目标是为了表明,机载软件开发过程对于适航条款的符合性。然而,工程评审的目的是监控软件的开发过程,确保需求的正确传递,以及系统活动与软件开发的协调开展。

(3)时机不同。工程评审时机是由主设计商根据工作说明开展开发活动的具体时间与供应商共同所确定,在该项阶段工作完成后,即刻开展工程评审,以监控机载软件开发过程;而适航介入审查一般滞后于工程审查,其时机由民航地区管理局根据型号当前阶段整体成熟度决定。一般情况下,适航介入审查和工程评审的时机差异如图 7-5 所示。

	计划过程	需求过程	设计过程	编码过程	集成过程	测试过程	构型冻结
工程评审	PPR▷	PDR▷		CDR▷		TTR▷	SVR▷
SOI评审	SOI#1	▷		SOI#2	▷	SOI#3	▷ SOI#4▷

图 7-5　软件适航介入审查与工程评审的时机差异图

7.5　飞行控制软件开发生命周期过程定义

7.5.1　基于 DO178B/C 的软件生命周期定义

软件生命周期是指软件从开始研制到最终被废弃不用的整个过程,在软件生命周期中包含着很多个过程。生命周期的每一个过程都有确定的目标,并产生一定的输出。通过为每个过程选择活动,为活动指定顺序,并为活动分配职责来定义完整的软件生命周期过程,软件生命周期的过程可以是迭代的。

　　基于 DO178B/C 的软件生命周期过程包含三类过程,即计划过程、开发过程和综合过程,如图 7 - 6 所示。其中开发过程又包含需求过程、设计过程、编码过程、集成过程。综合过程包含验证过程、配置管理过程、质量保证过程、适航联络过程。软件开发过程按照软件开发计划和系统分配给软件的需求进行,一般情况下包括需求、设计编码和集成过程,但不同的软件项目其开发过程不尽相同,同一软件项目中的不同软件构型项也可能采用不同的开发过程,如图 7 - 7 所示。

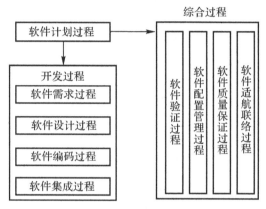

图 7 - 6　DO178B/C 软件开发过程

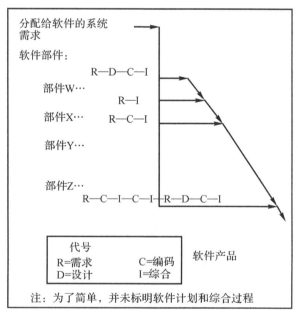

图 7 - 7　不同软件部件的研发过程定义

值得注意的是，DO178B/C 中仅仅规定了过程，却并未明确规定软件研制各个子过程之间的顺序以及反馈关系，因此，各个项目团队需要根据项目实际情况灵活决定各个软件配置项采用哪种软件生命周期模型。常见的软件生命周期模型有瀑布模型、螺旋模型、V 模式开发模型等。

（1）瀑布模型软件生命周期划分为"概念设计—需求分析—架构设计—软件设计—软件编码实现—软件测试"等 6 个阶段，上个阶段的输出必须提交给下一个阶段作为输入，如图 7-8 所示。

（2）螺旋模型（Spiral Model）采用一种周期性的方法来进行软件开发，螺旋模型基本做法是在"瀑布模型"的每一个开发阶段前引入一个非常严格的风险识别、风险分析和风险控制，它把软件项目分解成一个个小项目。每个小项目都标识一个或多个主要风险，直到所有的主要风险因素都被确定。

（3）V 模式开发模型是在瀑布模型的基础上发展而来的，但如果只看 V 模式开发模型的左边便能够看出是瀑布模型。因此，V 模式开发模型是将瀑布模型进一步细化，如图 7-8 所示，从而使得，在需求、设计、编码、测试等各个阶段都能够进行对应层级的测试验证，提高了开发效率、降低了开发成本。而 DO178B/C 中规定了软件验证过程贯穿于软件开发过程中，因此，V 模式开发模型是最贴合 DO178B/C 要求的软件开发模型。

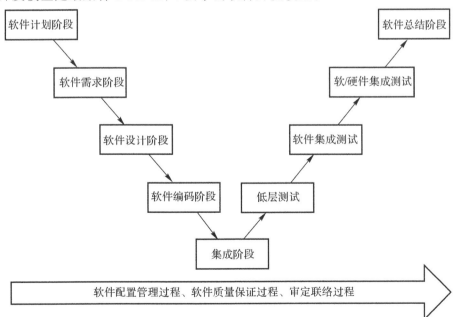

图 7-8　基于 DO178B/C 的 V 模式开发模型软件研制生命周期

以双裕度飞行控制系统中的飞行控制系统软件为例,飞行控制系统软件开发遵循DO178C标准。软件生命周期过程包括软件计划过程、软件开发过程和软件综合过程。

飞行控制软件计划过程定义软件生命周期的全部活动,产生指导软件开发过程和综合过程的软件计划和标准。

飞行控制软件开发过程经过软件需求过程、软件设计过程、软件编码过程、软件集成过程将飞行控制平台软件生命周期的输出转化为库文件,由飞行控制应用软件集成。软件开发过程的详细定义见《飞行控制平台软件开发计划》。

飞行控制软件综合过程包括软件验证过程、软件构型管理过程、软件质量保证过程和适航联络过程,用于在开发过程中提供软件验证、构型管理、质量保证及适航联络活动。这些过程贯穿开发过程始终,为开发过程提供支持。综合过程的各项活动随开发过程进行描述,详细的活动描述见各过程对应的计划。

7.5.2 飞行控制软件生命周期数据

软件生命周期过程会生成软件生命周期数据,这些数据是机载软件产品的表现形式,也是软件生命过程的记录,更是软件适航取证的基本依据。软件生命周期过程所产生的软件生命周期数据如表7-1所示,其中五大计划包括软件开发计划(Software Development Plan,SDP)、软件验证计划(Software Verification Plan,SVP)、软件配置管理计划(Software Configuraiton Management Plan,SCMP)、软件质量保证计划(Software Quality Assurance Plan,SQAP)和软件合格审定计划(Plan for Software Aspects of Certification,PSAC),三大标准包括软件需求标准(Software Requirement Standard,SRS)、软件设计标准(Software Design Standard,SDS)和软件编码标准(Software Coding Standard,SCS)。软件质量保证计划用以指导软件质量保证过程的工作开展。

飞行控制系统软件可划分为三个配置项:飞行控制系统应用软件、飞行控制CPU平台软件和飞行控制DSP平台软件。建议针对每个配置项形成单独的软件生命周期数据,也可在实际过程中,根据软件构型项的相似度进行合并,例如针对飞行控制CPU平台软件和飞行控制DSP平台软件,由于其在功能、性能、接口方面存在很大相似,可将其进行合并,输出一套生命周期软件数据,如表7-1所示。

表7-1　飞行控制××软件生命周期数据示例

过程	DO178B 章节	软件生命周期数据	构型项标识	受控类型	是否提交民航地区管理局
计划过程	11.1	飞行控制系统××软件合格审定计划		CC1	Y
	11.2	飞行控制系统××软件开发计划		CC1	A
	11.3	飞行控制系统××软件验证计划		CC1	A
	11.4	飞行控制系统××软件构型管理计划		CC1	A
	11.5	飞行控制系统××软件质量保证计划		CC1	A
	11.6	飞行控制系统××软件需求标准		CC1	A
	11.7	飞行控制系统××软件设计标准		CC1	A
	11.8	飞行控制系统××软件编码标准		CC1	A
开发过程	11.9	飞行控制系统××软件需求规范 *		CC1	A
	11.10	飞行控制系统××软件设计说明 *		CC1	A
	11.11	飞行控制系统××软件源程序 *		CC1	A
	11.12	飞行控制系统××软件目标库文件 *		CC1	A
综合过程	11.13	飞行控制系统××软件测试用例/程序		CC2	A
	11.14	飞行控制系统××软件测试报告		CC2	A
		评审记录		CC2	A
	11.15	飞行控制系统××软件环境构型索引		CC1	A
	11.16	飞行控制系统××软件构型索引		CC1	Y
	11.17	问题报告单更改申请单		CC2	A
	11.18	飞行控制系统××软件构型管理记录		CC2	A
	11.19	飞行控制系统××软件质量保证记录		CC2	A
	11.20	飞行控制系统××软件完成总结		CC1	Y
		飞行控制系统××软件用户手册			

说明:① 表格中编号带 * 的文档表示不止一份。

　　　② CC1 为符合 DO178B 定义的控制类 1,CC2 为符合 DO178B 定义的控制类 2。

　　　③ Y 表示"提交民航地区管理局审批",A 表示民航地区管理局可接近,无须提交。

7.5.3 飞行控制软件计划过程

软件计划过程产生指导软件开发过程和综合过程的软件计划和标准,确定项目资源和人员角色职责,定义项目开发过程和综合过程的活动,以及对项目其他考虑的说明。软件计划过程的目标包括:

(1)基于系统需求和软件等级,定义软件开发过程和综合过程的所有活动;

(2)确定软件生命周期,包括过程之间的内部关系、执行的顺序、反馈机制和迁移准则;

(3)选择并定义软件生命周期环境,包括每一个软件生命周期过程活动的方法和工具;

(4)说明额外考虑;

(5)编制与系统安全性目标相一致软件标准;

(6)编制软件计划;

(7)协调软件计划的开发和修订。

1. 输入数据

飞行控制应用软件、平台软件计划过程的输入数据包括飞行控制计算机设备需求、飞行控制计算机初步系统安全性评估(Preliminary System Safety Assessment,PSSA)、飞行控制电子设备功能危害性分析报告(Functional Harzard Analysis,FHA)、飞行控制系统合格审定计划(Certification Plan,CP)。

2. 活动

飞行控制应用软件、平台软件计划过程活动包括:

分析飞行控制软件的输入:通过对飞行控制计算机物理架构、软/硬件接口、系统安全性考虑,以及分配给飞行控制平台软件的需求、安全性需求、软件安全等级等输入的分析,明确以下要求:

(1)明确飞行控制系统应用软件、飞行控制平台软件的功能/组成、软件构型项分配、软件安全性策略、软件编程语言和编译器、项目范围、进度要求等。

按照飞行控制计算机初步安全性评估的结果,将飞行控制系统中软件划分为飞行控制计算机平台软件和飞行控制系统应用软件两类软件,其中,平台软件为应用软件提供支持服务,是应用软件运行的基础。飞行控制平台软件又按照其驻留硬件模块和功能的不同分为数据处理软件(DSP 软件)和综合处理软件(CPU 软件)。

飞行控制系统软件的安全性策略,飞行控制系统软件的编程语言和编译器,如表 7-2 所示。

表 7-2　飞行控制系统应用软件、平台软件研制保证等级

软件类型	飞行控制系统软件	飞行控制 CPU 平台软件	飞行控制 DSP 平台软件
编程语言	C 语言	C 语言、汇编语言	C 语言、汇编语言
编译器	Tornado	GCC	GCC
操作系统	VxWorks	天脉 1	
安全性策略	双裕度控制	防御性编程、安全性监控	防御性编程、安全性监控

（2）明确适航要求,包括审定基础、符合性方法、问题纪要、软件开发保证等级等要求。

某飞行控制系统,按照飞行控制系统初步安全性评估的结果,通过项目研制保证等级（Item Development Assurance Level,IDAL）分配,明确飞行控制应用软件以及平台软件的研制保证等级,如表 7-3 所示,基于飞行控制系统合格审定计划,确定飞行控制平台软件的符合性方法为 DO178B。

表 7-3　飞行控制系统应用软件、平台软件研制保证等级

软件类型	飞行控制系统软件	飞行控制 CPU 平台软件	飞行控制 DSP 平台软件
研制保证等级	B	C	C
符合性方法	DO178B	DO178B	DO178B

（3）定义软件生命周期。

1）定义具体软件配置项的开发过程,如包含需求、设计、编码、集成过程,以及各过程的输入和输出;定义软件开发所采用的模型,如采用 V 模型。

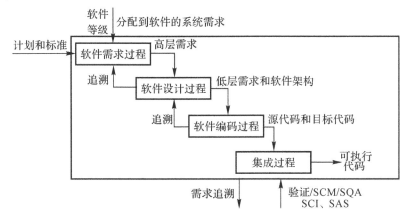

图 7-9　飞行控制应用软件、平台软件配置项开发过程

2)定义开发和综合过程的所有活动;如图7-9所示,开发过程包括需求、设计、编码和集成过程,综合过程包括验证过程、质量保证、构型管理过程;综合过程是贯穿于整个软件开发生命周期。

3)定义过程之间的相互关系,包括过程/活动的顺序、过程反馈、过程转换准则;应该明确定义各个子过程之间的反馈关系,如果在开发过程中发现子过程输入存在问题则能够明确如何向上层子过程进行问题反馈。

例如,飞行控制系统软件如有派生需求,需按照DO178B要求,对派生需求进行定义,并将派生需求反馈给系统过程和系统安全性分析过程进行安全性评估。

4)定义软件开发过程活动的职责,分配有资格的责任人。某飞行控制平台软件开发的组织结构图如图7-10所示。

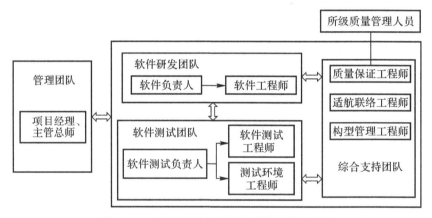

图7-10 飞行控制软件开发团队组织架构图

5)识别项目所需要说明的其他考虑。需要识别出软件项目所需的其他考虑,在合格审定计划中进行说明,如先前开发软件、外场可加载软件、偏离处理流程、符合性替代方法、多版本非相似、COTS(Commercial Off-The-Shelf,商用货架产品)软件使用方法、是否涉及分区、操作系统等,即使这些特性未在本项目中使用也需要逐一列举说明。

6)定义软件生命周期环境。识别项目所需要的生命周期环境,包括开发工具、验证工具、其他工具、工具使用方法、操作规程、编译器和编程语言。

例如:在"飞行控制平台软件开发计划"中详细描述开发环境、使用的工具、处理器、编译器以及语言等;在"飞行控制平台软件验证计划"中详细描述验证环境及使用的工具等信息。下面为某飞行控制平台软件所采用的开发工具和验证工具信息。其中:开发工具可以实现需求的编辑、追溯的建立、代码编辑,编译,加载、运行和调试;支持基于 C 语言/汇编语言的代码编辑/编译功能。验证工具可以实现基于需求的测试与分析等功能,软件生命周期过程中的工具如表 7－4 所示。

表 7－4　软件生命周期过程中的工具

工具名称	供应商	用途	分类
DOORS 8.2	Telelogic	用于建立需求可追溯性并进行覆盖范围分析	开发工具
PDM 8.1	HCK	版本控制	开发工具
CCS6.2	TEXAS INSTRUMENT	编译器、链接器	开发工具
Testbed 8.1	LDRA	测试和覆盖分析	验证工具

7)开发软件计划和标准。编制软件计划和标准是软件计划过程的核心活动,包括软件合格审定计划、软件开发计划、软件验证计划、软件构型管理计划、软件质量保证计划。对于 C 级及以上软件要求编制标准文档,包括软件需求标准、软件设计标准和软件编码标准。如果使用基于模型的开发方法,还需要增加软件模型开发标准。

软件合格审定计划是计划文档的中心,需要对软件计划过程、软件开发过程、软件验证过程、软件配置管理过程以及软件质量保证过程进行综述;在各个计划中,需要分别对每个过程进行细化说明,包括每个过程的输入输出、转入转出准则、过程活动、组织结构与职责、与其他过程之间的反馈关系、使用的环境工具等。

3. 输出数据

飞行控制系统应用软件、平台软件计划过程的输出数据包括:

(1)软件合格审定计划;

(2)软件开发计划;

(3)软件验证计划;

(4)软件构型管理计划;

(5)软件质量保证计划;

(6)软件需求标准;

(7)软件设计标准;

(8)软件编码标准。

7.5.4 开发过程

飞行控制系统应用软件、平台软件开发过程按照计划过程输出的软件开发计划的要求执行,包括软件需求过程、软件设计过程、软件编码过程、软件集成过程。开发计划中明确定义了各个子过程之间的反馈关系,如果某个子过程中发现输入有问题,那么应按照开发计划中约定的反馈方式向上层子过程进行反馈。

软件需求过程通过接受系统分配给平台软件的需求,将系统分配的软件需求进行进一步分解,得到软件高级需求的过程。通过采用结构化分析方法对飞行控制计算机设备需求、系统结构进行分析分解,结合需求标准形成"软件需求规范"。

软件设计过程以软件需求规范为输入,经过对软件需求中定义的软件功能的进一步细化,形成软件设计说明。

软件编码过程以软件开发计划、软件编码标准,以及软件设计过程产生的软件设计说明为输入,当规定的转换规则满足时,进行编码生成源代码。

软件集成过程,首先对于飞行控制平台软件,通过编码过程及软/硬件集成过程将需求、设计转换为库文件,再由飞行控制系统应用软件调用后,通过编译链接生成可在目标机环境中加载运行的可执行目标码。

通过建立追踪矩阵建立系统需求、软件需求规范、软件设计说明、软件源代码、测试用例、测试规程、测试结果的双向追踪关系。

软件需求和设计过程可能产生派生需求,即不能直接追溯到更高级需求的需求。派生需求应报告综合支持团队以便分析是否对系统安全性产生影响。

1. 需求过程

软件需求过程的目标是:

(1)完成软件需求规范;

(2)产生的派生需求反馈给产品需求;

(3)需求遗漏和错误及派生需求反馈给产品需求。

在软件需求过程中,系统、设备、项目管理和质量部门与软件人员应就系统/设备分配给软件的需求(包括功能、性能、接口、安全性及其他非技术需求)进行分析,保证系统/设备的需求得到充分理解。

软件需求过程中将同时进行初步的软件设计,基于软件的需求产生软件的结构(软件部件),形成软件初步架构。

软件需求过程中发现的系统需求遗漏和错误要反馈给系统研发团队。

软件需求应定义清楚,并且可以追踪到系统/设备需求,如果有派生需求,那么需要进行安全评估。

(1)输入。需求过程的输入有:

1)飞行控制计算机需求规范和 ICD(接口控制文档);

2)飞行控制计算机架构描述文档;

3)飞行控制系统软件需求标准(飞行控制系统应用软件、飞行控制平台软件);

4)飞行控制系统软件开发计划(飞行控制系统应用软件、飞行控制平台软件)。

(2)活动。软件需求过程活动包括:

1)软件需求分析。软件需求分析采用结构化分析方法,首先按照需求功能分析方法将系统分配给软件的功能和接口需求,细化分解到软件部件,明确定义各功能部件之间的接口,形成需求以及软件的初步架构。

在软件需求分析过程中,对发现的设备需求中的遗漏或错误,应反馈给产品团队,澄清或更改产品需求;在功能部件激励-响应分析过程中,对发现的功能部件功能划分、输入、输出中存在的遗漏或错误,应澄清或纠正;对产生的派生需求,应以书面形式报告系统工程师,由系统工程师和安全性工程师对派生需求的安全性进行分析。

飞行控制系统应用软件需求示例:

SHR-FCE_APP-1,飞行控制系统软件应具备初始化功能。

SHR-FCE_APP-2,飞行控制系统软件应具周期任务调度功能。

SHR-FCE_APP-3,飞行控制系统软件应具双机同步功能。

SHR-FCE_APP-4,飞行控制系统软件应具数据采集功能。

SHR-FCE_APP-5,飞行控制系统软件应具设备监控功能。

SHR-FCE_APP-6,飞行控制系统软件应具系统模式模态控制功能。

SHR-FCE_APP-7,飞行控制系统软件应具控制率计算功能。

SHR-FCE_APP-8,飞行控制系统软件应具故障综合功能。

SHR-FCE_APP-9,飞行控制系统软件应具实时记录功能。

SHR-FCE_APP-10,飞行控制系统软件应具余度管理功能。

飞行控制数据处理平台软件需求示例:

SHR-FCE_DPM-1,DPM 模块平台软件应负责接收外部信号源的信息。

SHR-FCE_DPM-2,DPM 模块平台软件在上电后应执行完成 DPM 模块的初始化。

SHR-FCE_DPM-3,DPM 模块平台软件应根据主机命令采集模拟量数据放入共享存储器,供应用软件使用。

SHR-FCE_DPM-4,DPM 模块平台软件应根据主机命令采集 RSS422 数据放入共享存储器。

SHR-FCE_DPM-5,DPM 模块平台软件应根据主机命令将共享存储器中的 RS422 数据取出,通过 RS422 接口发送。

SHR-FCE_DPM-6,DPM 模块平台软件应对 FLASH 存储器的内容求和进行测试。如果正常 PUBIT 故障字中相对应的 BIT 位写"0",不正确则置"1"。

图 7-11 为飞行控制平台软件的接口关系图。

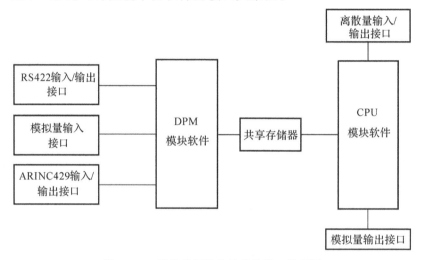

图 7-11　飞行控制平台软件的接口关系图

2)编写软件需求规范。参照需求标准、定义软件需求属性,软件需求规范编写可使用需求管理工具(如 DOORS),将需求分析产生的需求逐条录入需求管理系统。

需求属性示例:

ID:SHR-FCE_CPU-33。

需求正文:飞行控制 CPU 平台软件应使用查询方式,从串行接口发送单字节数据。

需求类型:功能需求。

优先级:强制。

安全性影响:否。

直接/派生:直接。

验证方法：评审。

需求来源：ER-FCE-3 飞行控制计算机应能够进行操作系统的引导配置。

3）建立需求追踪矩阵。需求来源就是用来建立需求与上层需求之间的追溯关系的；如果是直接需求，那么必须追溯到上层需求条目；如果是派生需求，那么无须建立与上层需求的追溯关系，可在需求管理工具中建立设备需求到软件需求工具。

4）软件初步架构设计。软件初步架构设计阶段针对每个配置项，输出其初步软件架构设计，如图 7-12 所示。

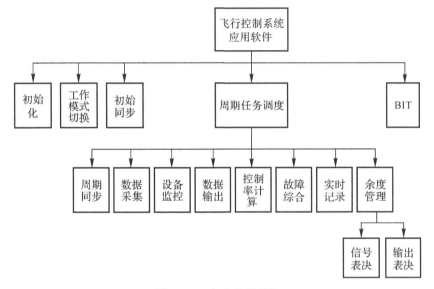

图 7-12　初步软件架构

飞行控制数据处理平台软件架构组成如图 7-13 所示。

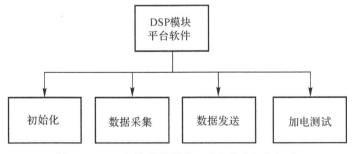

图 7-13　飞行控制数据处理平台软件架构组成

飞行控制主处理平台软件架构组成如图 7-14 所示。

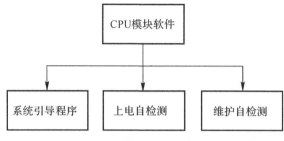

图 7-14 飞行控制主处理平台软件架构组成

（3）输出。需求阶段的输出为：

1）软件需求规范（飞行控制系统应用软件、飞行控制系统平台软件）；

2）需求追踪矩阵。

2. 设计过程

软件设计过程的目标是：

（1）根据软件需求规范完成软件详细设计（低层需求）；

（2）若有派生需求，需按照 DO178B 要求，对派生需求进行定义，并将派生需求反馈给系统过程和系统安全性分析过程进行安全性评估。

软件设计过程的目标是根据高层需求完成软件详细设计（低层需求）。软件设计过程进一步完善初步设计出来的软件部件，把软件高层需求分配到这些软件部件中，每个功能将设计成层次结构的部件，并描述部件调用顺序及其数据和控制流，并进一步细化每个部件的组成单元、单元接口、单元限制和使用条件、算法和数据结构，形成软件设计说明文档。

（1）输入。软件设计过程的输入为：

1）软件需求规范（飞行控制系统应用软件、飞行控制平台软件）；

2）软件设计标准。

（2）活动。飞行控制系统软件设计过程的活动包括：

1）基于软件需求开发软件的详细设计，定义出软件的顶层部件、部件层次结构，完成软件需求在这些部件中的分配，定义部件之间的接口，形成软件的架构设计（"软件设计说明"的架构设计部分）。

双-双裕度飞行控制计算机的各个通道独立运行相同的飞行控制系统应用软件，飞行控制系统应用软件采用双通道互比的方法判断单台计算机输出指令的有效性。若主控计算机发生硬件故障或主控计算机中双通道输出结果不一致，则主控计算机停止控制指令输出，由副控计算机完成对飞行控制系统的控制工作。在软件设计阶段,应给出飞行控制系统应用软件的控制流图、运行架构,包含任务调度关系、优先级配置、时间周期等。图 7 - 15 所示为单通道内的飞行控制应用软件控制流图,图 7 - 16 所示为单通道内的飞行控制应用软件运行架构图。

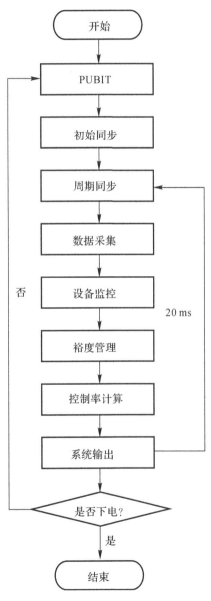

图 7 - 15 单通道内的飞行控制应用软件控制流图

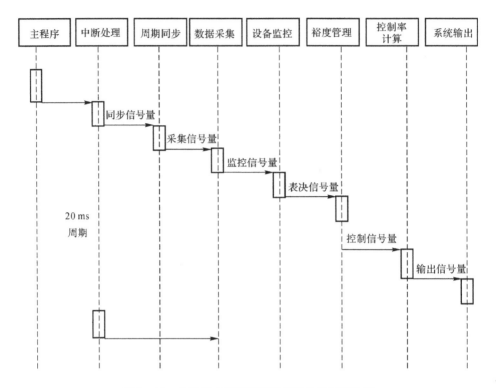

图 7-16　单通道内飞行控制应用软件运行架构图

2)定义部件单元的接口、数据流和控制流、单元限制和使用条件、算法和数据结构,完成软件的详细设计("软件设计说明"的详细设计部分)。

飞行控制系统应用软件设计余度管理相关关键算法,裕度管理算法是保证余度计算机可靠性和安全性的核心算法、通常包括同步算法,信号表决算法。

a.同步算法。两台计算机之间采用松耦合的交连方式,不设置同步总线。协议约定实现两台计算机之间状态的主从跟随。单台飞行控制计算机A/B 通道间通过同步总线实现任务同步。采用软件控制为主,硬件同步链路为辅的双握手同步算法实现通道间的同步。同步过程分为初始同步和周期同步。在系统完成初始化、上电测试后,在进入周期任务之前,飞行控制计算机的两通道间要进行初始同步;在每个 20 ms 周期的数据采集前,飞行控制计算机的两通道都要进行周期同步。

b.信号表决算法。输入/输出表决是裕度管理算法的核心,主要分为信号源的表决管理、飞行控制计算机的表决管理。信号源的表决管理采用均值法综合四个裕度信号源的输入输出数据,保证信号源数据的有效性。飞行控制计算机表决管理基于多数表决算法定位故障源。

软件详细设计属于软件低层级需求,因此也需要遵从软件需求标准,采用需求标准的描述方式进行描述。

3)对软件设计过程中产生的派生需求,应报告飞行控制计算机软件开发团队,以确保不与高层需求相抵触;建立软件低层需求与软件高层需求之间的追踪关系,建立追溯的方式与软件需求过程类似。

4)对于软件设计过程中发现的不恰当或不正确的输入,反馈给相应的过程,软件开发团队对软件高层需求进行澄清或更改;

(3)输出。软件设计过程输出:

1)软件设计说明(飞行控制系统应用软件、飞行控制平台软件);

2)需求追踪矩阵。

3. 编码过程

软件编码过程的目标是基于软件设计产生软件源代码和库文件。保证所设计产生的源代码正确地实现了软件设计。按照软件设计文档执行软件编码,源代码应实现软件设计并符合软件详细设计。

(1)输入。软件编码过程的输入数据包括:

1)软件设计文档(飞行控制系统应用软件、飞行控制平台软件);

2)软件编码标准。

(2)活动。对于软件编码过程中发现的不正确的输入应反馈给软件需求过程、软件设计过程,由软件团队进行澄清或更改。编码过程进行以下活动:

1)软件编码。按照软件设计文档执行软件编码,源代码应实现软件设计并符合软件详细设计。

其中飞行控制系统应用软件的编程语言为 C 语言,飞行控制平台软件的编程语言为 C 语言和汇编语言。

对于软件编码过程中发现的不正确的输入应反馈给软件需求过程、软件设计过程,由软件团队进行澄清或更改。

2)建立源代码与软件设计之间的追踪关系。

(3)输出。软件编码过程的输出数据包括:

1)软件的源代码和目标码或库文件;

2)软件源代码与详细设计的追溯矩阵;

3)软件生成和加载说明;

4)软件生命周期环境构型索引；

5)代码到需求的追踪矩阵。

4. 集成过程

软件集成过程的目标是将目标码加载到目标机中。依据软件的构架，将软件源代码编译链接成库文件，模拟应用程序调用库文件生成可执行代码，利用加载工具将可执行目标码加载到目标机进行运行和调试。

(1)输入。软件集成过程输入数据包括：

1)软件需求规范和低层需求；

2)软件源代码和目标代码；

3)软件用户手册。

(2)活动。软件集成的活动包括：

1)从源代码编译链接生成目标库文件；

2)集成过程中所发现的不恰当或不正确的输入，应反馈给软件团队予以澄清或纠正。

(3)输出。软件集成过程的输出包括：

1)软件可执行目标码；

2)软件目标码生成和加载程序。

7.5.5 综合过程

软件综合过程包含软件验证过程、软件构型管理过程、软件质量保证过程、软件适航联络过程。软件综合过程的所有子过程贯穿于整个软件开发生命周期。

1. 验证过程

软件验证过程的目标是发现和报告在软件开发过程中引入的错误，保证软件正确、完整地实现了预期的功能，避免有多余的功能。软件验证过程支持软件开发过程，同步对在软件需求过程、设计过程、编码过程和集成过程的输出进行验证。

软件验证过程的活动包括：

(1)软件计划过程验证，采用同行评审的方法，对软件计划过程进行验证。

(2)软件需求验证，采用同行评审的方法对软件需求进行验证，确定软件需求是否满足系统需求，需求之间是否协调一致，需求是否清楚、无歧义、可验证。

（3）软件设计验证，采用同行评审的方法对软件设计文档进行验证，确定软件的架构是否符合软件需求规范，软件底层需求是否符合软件需求规范，软件架构和低层需求是否协调一致，数据/控制流和算法是否准确。

（4）软件代码验证，采用同行评审的方法对软件源代码进行验证，确定代码实现了软件的低层需求，代码符合软件的架构设计，代码是准确一致的，代码不包括多余的功能。

（5）软件集成验证、软件测试、验证结果验证。

1）软件集成验证，通过详细检查连接脚本、加载数据，确定所使用的硬件地址是否正确、为程序和数据分配的内存地址是否有重叠和交叉、是否有遗漏的软件部件；

2）软件测试，包括测试用例和测试程序开发（基于需求和设计）、测试用例和测试程序评审、测试用例和测试程序的执行；

3）验证结果验证，包括对测试结果的分析，对于测试不能覆盖的软件需求，由软件测试人员进行分析验证，验证所有的需求都已正确实现；

4）建立需求与测试用例、测试程序和测试结果的追踪。

应在软件验证计划中描述验证的组织、验证的环境、验证的方法、验证的活动、验证活动与 DO178B/C 目标的符合性等相关内容。

2. 构型管理过程

软件构型管理过程是贯穿整个开发过程的一个综合过程，目标是对软件构型项及文档的变更提供系统化的管理，确保其可追溯性。完整的构型管理具备构型标识、构型控制以及构型审计等基本要素。其中构型控制是构型管理的核心，包括基线管理、构型库管理、构型更改控制等关键内容。构型管理过程的活动体系结构如图 7-17 所示。

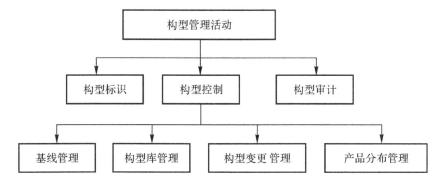

图 7-17　构型管理活动体系结构

3. 质量保证过程

软件质量保证活动主要对软件的生命周期过程和过程的输出进行符合性检查,以识别、评估、记录和跟踪软件生命周期数据的偏离,确保软件开发满足 DO178B 目标、软件产品满足适航要求。质量保证工程师需要具独立性,以及纠正错误的能力。

质量保证过程中的活动包括编写软件质量保证计划、评审产品计划、开展产品审计、过程评审、过程转换准则评审等,在整个软件开发过程中需要记录、跟踪不符合项,如图 7-18 所示。软件质量保证过程具体定义参见"软件质量保证计划"。

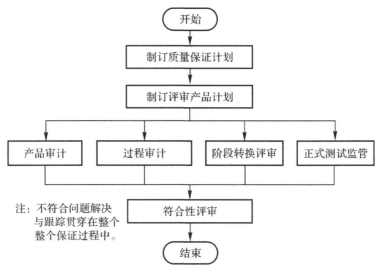

图 7-18 质量保证过程主要活动图

4. 适航联络过程

适航联络过程的目标是在整个软件生命周期过程中,向审定方提供软件合格审定计划和相关软件生命周期数据,配合机载设备进行飞行控制系统软件的适航审定。

7.6 飞行控制软件开发过程中的其他考虑

软件开发过程中的其他考虑包括对 COTS 软件、外场可加载软件、先前开发软件、多版本非相似软件、非激活码、工具鉴定、偏离处理等情况进行说明,并采取相关处理措施。

如工具鉴定,在"软件质量保证计划"中识别出工具需要鉴定,则需要启动工具鉴定过程,通过制订工具鉴定计划、工具鉴定开发过程、工具鉴定总结等形成工具鉴定有效数据。

参 考 文 献

[1] 张明廉. 飞行控制系统[M]. 北京:航空工业出版社,1993.

[2] 文传源. 现代飞行控制系统[M]. 北京:北京航空航天大学出版社,1992.

[3] 布罗克豪斯. 飞行控制[M]. 金长江,译. 国防工业出版社,1995.

[4] BRIAN L S, FRANK L L. Aircraft control and simulation[M]. New York:John Wiley & Sons, Inc. ,1995.

[5] 吴森堂,费玉华. 飞行控制系统[M]. 北京:北京航空航天大学出版社,2005.

[6] 张新慧. 大型民用飞机飞行控制系统架构发展趋势[J]. 航空兵器,2020,27(6):13-18.

[7] 殷江疆. 面向大型客机的自动飞行系统工作模式设计[D]. 南京:南京航空航天大学,2022.